The Science of SUSHI

寿司中的科学

揭开寿司美味的秘密

高桥润
[日] 土田美登世 著　刘 峥 译
佐藤秀美

目录 Contents

[第1章] 与寿司有关的知识

[第2章] 准备工作——鱼

拓展知识

［第3章］准备工作——寿司饭及其他

［第4章］握

小知识

关于本书

◎比起“甜醋生姜”，“红姜”一词的使用更普遍，因此本书使用“红姜”的叫法。

◎书中介绍到的使用方法部分默认右手用刀。

◎书中讲解的是“寿司高桥”的高桥润的方法，其实关于寿司，还有很多其他流派和方法。

[第 1 章]

与寿司有关的知识

Knowledge

寿司的历史

寿司起源于发酵食品

寿司全球闻名，提到寿司，人们首先想到的多是“握寿司”，这基本已成为世界共识。因此，很多人认为寿司就是“上面覆盖着生鱼片的米饭”。

将寿司定义成“将生鱼覆盖在米饭上”也有其道理，但同时也存在只采用植物性原料的稻荷寿司、滋贺的“鲋寿司”和北陆的“大头菜寿司”，后两种寿司都是将鱼肉和米饭混在一起后发酵制成的，并没有握的环节。再考虑到寿司皆使用醋或经过发酵，带有酸味，貌似“酸”也成为寿司的关键词。有种观点认为寿司一词源于“酸（Sushi）”[1]，这种观点的存在也在一定程度上佐证了上述看法。

回溯历史，Sushi一词曾有“寿”“鮨”“鮓”“寿之”“寿志”“寿斗”等多种汉字写法，其中经常使用的是“鮨”“鮓”和“寿司”。关东圈多使用“鮨”，关西圈多使用“鮓”，至于“寿司”，据说是江户时代Sushi所对应的汉字。“鮨”的使用历史非常长，词典《尔雅》中有“肉谓之羹，鱼谓之鮨”的记载。这里的鮨指将鱼肉搅碎，加盐腌制而成的咸鱼。从人们将“鮨”与咸鱼混为一谈这点来看，可以推断“鮨”是近乎泥状的食物。

至于“鮓”，我国东汉时期的工具书《说文解字》中对它的描述是“鮓、菹也。以鹽米釀魚爲菹。”“鮓”被定义为一种经长时间发酵而保存的珍贵食物。

可见，“鮨”“鮓”原本是不同的东西，但在3世纪左右的词典《广雅》中，二者被视为同一种食物，后来伴随时代发展，无论在中国还是日本，人们都将这两个词混为一谈。

不管是“鮨”还是“鮓”，均被定义成“用米和盐腌鱼，上面压以重物的食物”，也就是“熟寿司”。大米经自然发酵产生乳酸，乳酸的酸味能够抑制细菌繁殖，进而达到保存食物的目的，寿司就这样诞生了。

据说日本的寿司是伴随大米传入日本而发展起来的，以“熟寿司”的形态传播开来，变成给

[1] 在日语中，寿司和酸的发音都是Sushi。——译者注

"一说起寿司，就想到握寿司"这种情况蔓延至日本全国是在 20 世纪。

江户时代后期握寿司就出现了，但是只在江户有。

日本其他地方有不握的本地寿司，或类似于寿司的食物。

无论是握寿司还是不握的寿司，探究寿司的历史都会追溯到与米饭一起发酵的"熟寿司"上去。

木简上出现了"鲊"字（红圈标出的部分）。这句话的意思是里面装有一堝木津的贻贝寿司。"堝"是一种类似壶的容器。

（照片出自：福井高浜町役场）

朝廷进贡的贡品。8 世纪前半叶编纂成书的《养老令》中，有"鲍鱼寿司""杂鱼寿司"等记述。奈良的平城宫遗址出土了关于"多比（红鲷鱼）寿司"的木简，这种木简是运送货物时使用的货牌。"多比寿司"自然也是"熟寿司"的一种。

能够代表日本的熟寿司——鲋寿司

熟寿司逐渐传播到日本各地。谈到流传至今的、使用鱼贝制作的日本熟寿司，滋贺县琵琶湖附近的"鲋寿司"、岐阜县的"鲇鱼寿司"、福井县的"腌青鱼"等都很有代表性。奈良平城京出土的木简中有关于"鲋鲊"也就是"鲋寿司"的记载，由此可以推断，"鲋寿司"出现在这一时期之前。当时的做法与现在有所不同，但也是将鱼贝和大米或米饭混在一起发酵的，是一种"熟寿司"。

滋贺县的传统"鲋寿司"在每年的 2~5 月份开始制作。选用琵琶湖里正值产卵期的鲫鱼，多用盐腌制，腌到土用[一]将盐去掉，改用米饭另行腌制。这一步骤称为"本渍"。具体操作方法是：先在桶的底部铺一层米饭，将肚里塞满米饭的鲫鱼排列在米饭上，然后再盖一层米饭，如此一层层重复，最后盖上盖子，盖子上压重石，等待食材熟成。乳酸不但能有效抑制细菌，鱼肉经过发酵还能产生风味物质，形成一种独特的味道。

[一] 土用为日本专有的名词，指立春、立夏、立秋、立冬前的 18 天，现在特指夏季土用，即立秋前的 18 天。 ——译者注

一般来讲，人们只吃鱼，米饭会被扔掉。

“鲋寿司”的发酵时间为3~6个月，长的也有两年的。发酵时间过长的话，米粒会变成粥状，影响食用，因此从室町时代进入安土桃山时代后，出现了缩短发酵时间、将鱼和米饭混在一起吃的“生熟寿司”。岐阜县的“鲇鱼寿司”就是这种。为缩短发酵时间，会加入米曲。除了鱼，人们也将蔬菜混合其中，与米饭一起进食，这就是“饭寿司”。前文谈到的“大头菜寿司”便是“饭寿司”的一种。

后来醋登场了，醋本是日本很早以前就在用的一种调味品。后来人们意识到：在米饭中加入醋后，无须等待漫长的发酵就能吃到酸酸的米饭。原本寿司仅指经历漫长发酵的“熟寿司”“饭寿司”，后来变成连同米饭一起吃，醋也登场了，人们能够快速制作醋米饭，也就是寿司饭了，寿司的概念自此发生了很大变化。

箱寿司、握寿司的诞生

进入江户时代，寿司已经不再是发酵食品，“快寿司（一夜寿司）”登场。先是出现了“箱[一]寿司”的前身“姿寿司”和“柿寿司”，随后“卷寿司”“稻荷寿司”“散寿司”等也纷纷出现了。

柿寿司的做法是将米饭装入盒中，上面放上鱼肉，压实。后来人们为了进食方便，又想到将其切开分块。将寿司切开的做法出现后，进一步出现了用山白竹叶子裹住切开的寿司块，用重石轻压的“拔毛寿司”。这是“笹卷寿司”的原型。

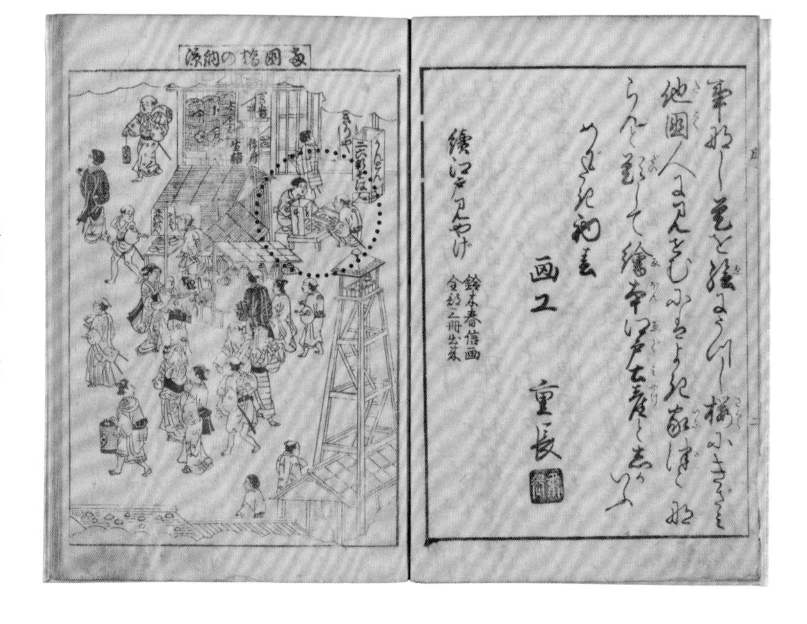

18世纪的图书《绘本江户土产》中名为“两国桥纳凉”的插画的一部分。红圈标出的地方是寿司摊位。（出自：日本国立国会图书馆网站）

[一] “箱”在日语中是盒子的意思。 ——译者注

日本明治时期，华屋与兵卫请画家川端玉章画的画。中间放着的红红的食物看起来像金枪鱼，其实是鳟鱼（“吉野寿司”藏品，转载自旭屋出版的《寿司技术教科书 江户前寿司篇》）。

在单个寿司饭上面附上鱼肉、裹上白山竹叶子的“笹卷寿司”正是江户前寿司的基础。

关于握寿司出现的时间，有多种说法。一般大家普遍认为日本文政年间（1818—1831年）中期，在两国（东京都的两国地区位于神田川和隅田川的汇流处）经营“与兵卫寿司[一]”的华屋与兵卫[二]是江户前寿司的创始人。当时商业得以大力发展，以江户为中心，出现了繁荣的市民文化，戏剧、浮世绘、文学等文娱百花竞放。江户成了大都市，很多人来这里找工作，餐馆开始流行起来，其中就有握寿司。即刻就能做好的握寿司作为一种方便食品受到江户人的青睐，非常受欢迎。当时的寿司不像现在的寿司大小刚好一口一个，当时的寿司跟如今的饭团大小相当。当年卖得特别好的是鰶寿司，商贩将鰶寿司装在桶里用扁担挑着卖，为江户的街道增添了不少活力。

在江户地区，握寿司越来越繁荣，箱寿司的身影逐渐消失了，到了日本明治、大正时期，基本形成了“关西是箱寿司”“关东是握寿司”的格局。

从摆摊到开店

进入日本明治时期，寿司摊依然很有市场，同时也出现了寿司店，被称为“内店”。当时内店的最大特点是客人站着用餐，制作寿司的人跪坐着制作寿司。日本明治时代末期至大正时代，内店的寿司主要用作外卖和礼品。

无论是内店还是摆摊，因为当时没有冰箱

[一] “与兵卫寿司”是店名。 ——译者注
[二] “华屋与兵卫”是人名。 ——译者注

和冰袋，都得想办法为鱼贝保鲜。内店售出的寿司都是带回去吃的，摊位也得保证营业期间寿司种[一]不变质，因此人们想出了不少保鲜方法，有用盐、醋、酱油浸泡寿司种的，也有煮寿司种的。将从东京湾打捞来的新鲜鱼贝进行初步加工的这种做法称为“江户前加工”。

后来，冰的应用普及起来，出现了使用生鱼贝做的握寿司。因为人气高涨，内店开始设置座位，向客人供应生的握寿司。这便是现代寿司店的雏形。

一直到日本昭和初期，寿司摊和内店是并存的，1945 年后，由于卫生方面的原因，寿司摊消失了。如今有些寿司店内依然挂着帘子，这帘子其实是寿司店的原型——寿司摊当年挂的。

接下来，寿司所处的环境发生了极大改变，冰箱的发明和普及促使煮寿司种这类做法大大减少，“生的鱼”成为寿司的标配。而且，伴随冷冻技术的进步和国内外交流的增多，其他国家的海鲜纷纷进入日本，寿司种的种类增加了。当初寿司摊上寿司种的种类只有区区几种，如今一般的寿司店，寿司种的品类也能达到 20 多种。

寿司饭的量也发生了变化。为了让顾客品尝到更多种类的生鱼，人们把原本像饭团大小的寿司饭改成了小份，分成 10~20 份。为了突显生鱼的味道，人们把寿司饭的味道做得更淡了。

不仅是寿司，寿司店内下酒菜的种类也变多了，相应的，酒的种类也增加了。除了“喜好”，“随意”模式逐渐成为主流，寿司不仅能与日本酒、啤酒搭配，近年来寿司配红酒的也越来越多。2007 年出版的法国米其林指南《米其林东京 2008》中首次介绍了寿司店，自此，寿司店开始在世界范围内受到普遍关注。伴随米其林指南不断再版，入选的寿司店不断增加。《米其林东京 2020》中共收录了三星寿司店 1 家、二星寿司店 7 家、一星寿司店 24 家、必比登推介（Bib Gourmand）4 家。

[一] 寿司种是寿司的一部分，通常指覆盖在米饭上的鱼肉、贝肉、鱼子等。 ——译者注

在江户后期歌川广重绘制的《东京名所　高轮二十六夜待游兴图》中描绘了江户百姓观赏海上月出的样子。图中可见各种小吃摊，包括团子、荞麦、天妇罗等，右侧还能看到寿司摊。
（东京都江户东京博物馆藏品，图片由东京都历史文化财团图片档案馆提供）

从世界范围来看，回转寿司、寿司餐厅等也在增加，尤其是各大都市中的寿司餐厅，高端优雅，很多店成为当地的热门餐厅。

自从“寿司”这一概念诞生以来，寿司经历漫长时光，凝聚众人智慧，不断改变，逐渐成为日本饮食文化的代言人。跨域海洋、走向世界的寿司，今后将与当地的土地和文化深度融合，继续发展繁荣。

寿司种

红鲷鱼

Tai / Sea Bream

牙鲆鱼

Hirame / Left-Eye Flounder

春子鲷

Kasugo / Young Sea Bream

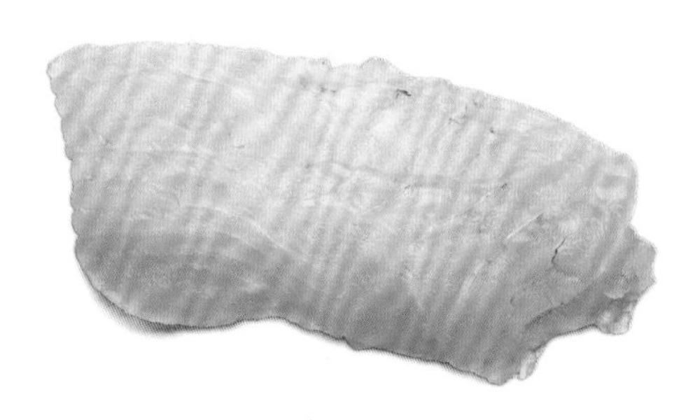

鲽鱼

Karei / Right-Eye Flounder

金枪鱼（中肥）

Chutoro / Medium Marbled Tuna Belly

金枪鱼（大肥）

Otoro / Premium Marlbled Tuna Belly

不同时节，切分处理后的寿司种的颜色也不相同。
或在案板上，或在玻璃盒中，或在种箱内，
安静而美好地待在那里。

金枪鱼（赤身）
Akami / Lean Tuna

腌金枪鱼
Zuke / Marinated Tuna

鲣鱼
Katsuc / Bonito

沙丁鱼
Iwashi / Sardine

大竹荚鱼[1]
Shimaaji / White Trevally

竹荚鱼
Aji / Horse Mackerel

[1] 大竹荚鱼在日本称缟鲹、岛鲹。 ——译者注

小肌
Kohada / Gizzard Shad

鲭鱼
Saba / Mackerel

水针鱼
Sayori / Halfbeak

本海松贝
Honmirugai / Gaper

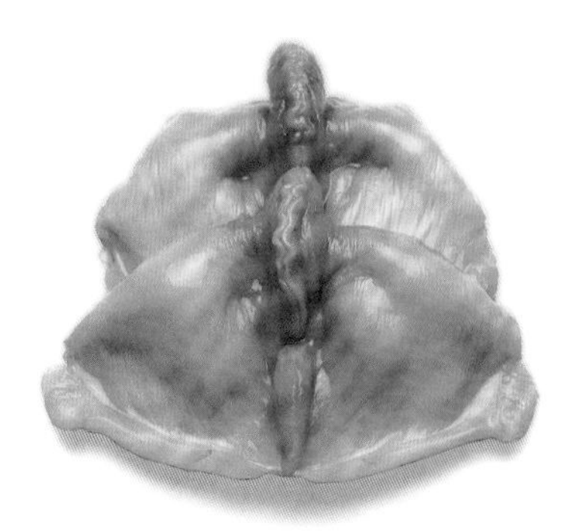

赤贝
Akagai / Ark Shell

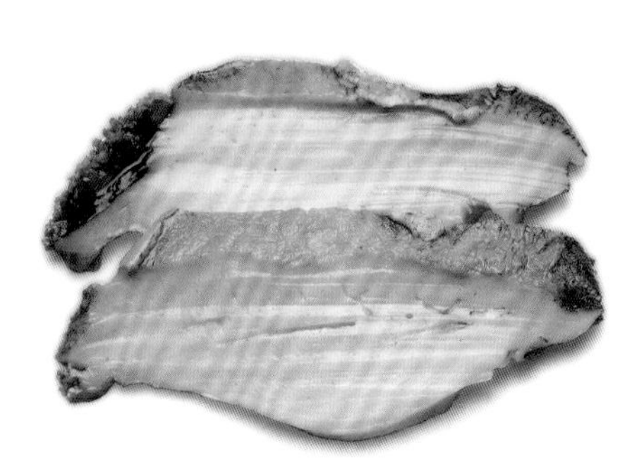

鲍鱼
Awabi / Abalone

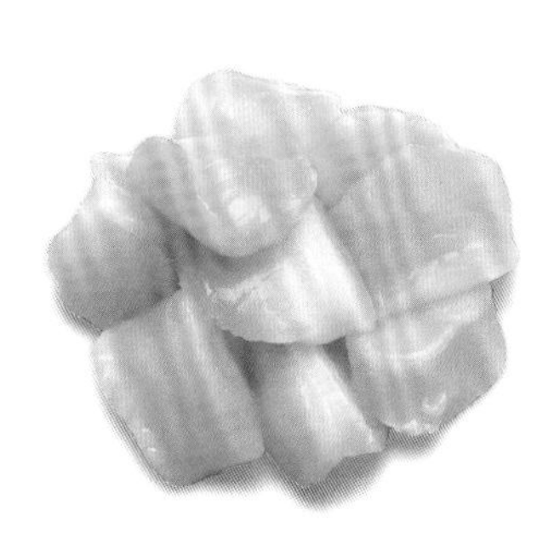

珧柱

Kobashira / Adductor in Round Clam

紫鸟贝

Torigai / Cockle

蛤蜊

Hamaguri / Cherry Stone Clam

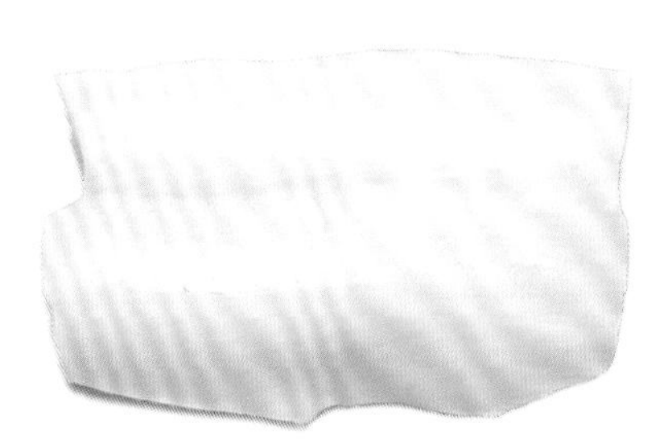

乌贼

Sumiika / Golden Cuttlefish

莱氏拟乌贼

Aoriika / Bigfin Reef Squid

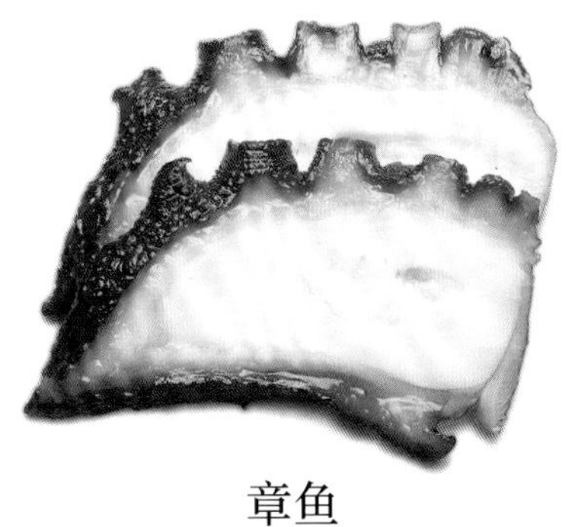

章鱼

Tako / Octopus

甜虾
Amaebi / Sweet Shrimp

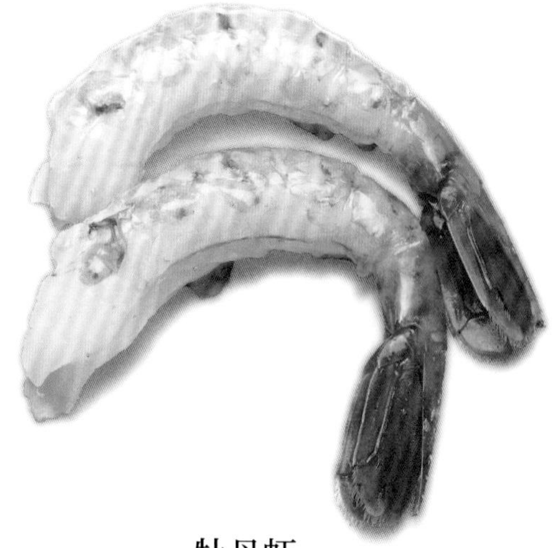

牡丹虾
Botanebi / Spot Prawn

日本对虾[一]
Kurumaebi / Prawn

皮皮虾
Shako / Mantis Shrimp

[一] 日本对虾又叫斑节虾、竹节虾。 ——译者注

鱼子
Ikura / Salmon Roe

海胆
Uni / Sea Urchin

海鳗
Anago / Conger Eel

玉子烧
Tamagoyaki / Japanese Omelet

不同食材的应季时间

寿司种 \ 月			1月 January	2月 February	3月 March	4月 April
白肉	红鲷鱼	Sea Bream				
	牙鲆鱼	Left-Eye Flounder				
	春子鲷	Young Sea Bream				
	鲽鱼	Right-Eye Flounder				
红肉	金枪鱼	Tuna	5日初竞[1]		来自澳大利亚、新西兰	
	鲣鱼	Bonito				初鲣鱼[2]
青鱼	沙丁鱼	Sardine				
	大竹荚鱼	White Trevally				
	竹荚鱼	Horse Mackerel				
	小肌	Gizzard Shad				
	鲭鱼	Mackerel				
	水针鱼	Halfbeak				
贝类	本海松贝	Gaper				
	赤贝	Ark Shell				
	鲍鱼	Abalone				
	珧柱	Adductor in Round Clam				
	紫鸟贝	Cockle				
	蛤蜊	Cherry Stone Clam				
鱿鱼、章鱼、虾	乌贼	Golden Cuttlefish				
	莱氏拟乌贼	Bigfin Reef Squid				
	章鱼	Octopus				
	甜虾	Sweet Shrimp				
	牡丹虾	Spot Prawn				
	日本对虾	Prawn				
	皮皮虾	Mantis Shrimp				
鱼子、鳗鱼	鱼子	Salmon Roe				
	海胆	Sea Urchin				
	海鳗	Conger Eel				

① 每年的1月5日，市场进行一年中的首次拍卖，称为“初竞”。 ——译者注

② 春天的鲣鱼称为初鲣鱼。 ——译者注

③ 秋天的鲣鱼称秋鲣或回鲣。 ——译者注

④ “新子”指出生4个月左右、长度4~6厘米的幼鱼。 ——译者注

伴随保鲜技术和物流业的发展，各国的海鲜实现了不间断供应，

人们在一年中的任何时节，都能吃到美味的寿司。

日本海南北跨度大，地形复杂，各种鱼贝的应季时节不尽相同。

各种寿司，只有在最应季的时候才最有滋味。

* 根据产地、气候、年份而有所变化。

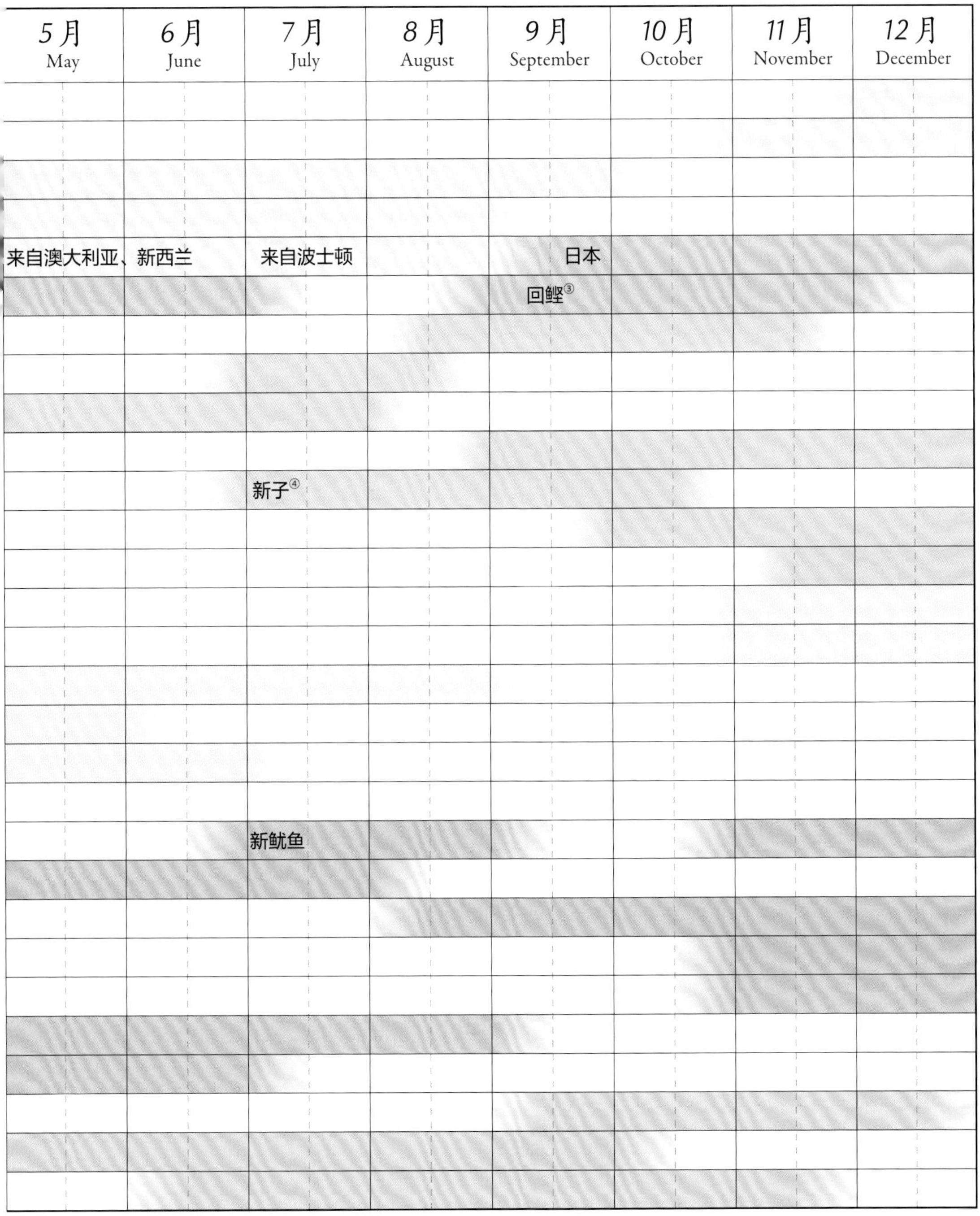

5月 May	6月 June	7月 July	8月 August	9月 September	10月 October	11月 November	12月 December
来自澳大利亚、新西兰		来自波士顿		日本			
				回鲣③			
		新子④					
		新鱿鱼					

渔场地图

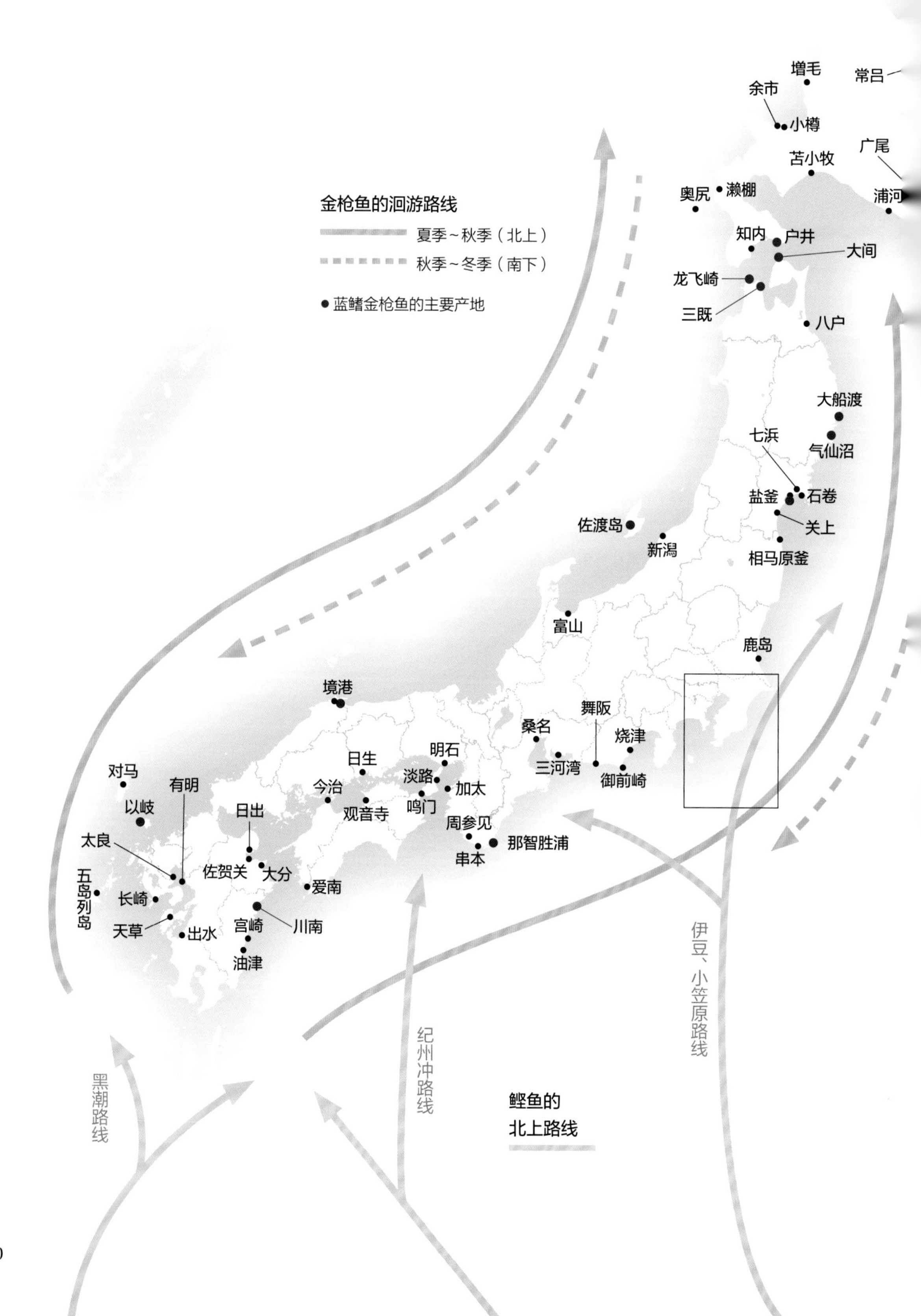

金枪鱼的洄游路线
夏季~秋季（北上）
秋季~冬季（南下）
● 蓝鳍金枪鱼的主要产地
礼文
利尻
增毛
常吕
余市
小樽
苫小牧
广尾
奥尻
濑棚
浦河
知内
户井
大间
龙飞崎
三厩
八户
大船渡
七浜
气仙沼
盐釜
石卷
关上
相马原釜
佐渡岛
新潟
富山
鹿岛
境港
舞阪
桑名
烧津
三河湾
御前崎
日生
明石
对马
有明
今治
淡路
加太
以岐
观音寺
鸣门
日出
周参见
太良
那智胜浦
串本
佐贺关
大分
五岛列岛
爱南
长崎
天草
出水
宫崎
川南
油津
伊豆、小笠原路线
纪州冲路线
黑潮路线
鲣鱼的
北上路线

日本四面被海洋包围，自古以来多地盛产优质海鲜，
生鱼类的握寿司诞生于此是极自然的。
海洋没有边界，不同季节，鱼贝会游至最适宜的地方栖息，
于是就产生了各大渔场和品牌。

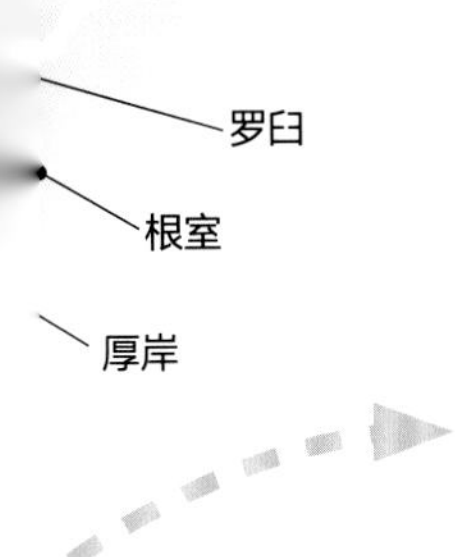

铫子
东京湾
九十九里
小柴
内房
横须贺
富津
外房
佐岛
九里浜
胜浦
馆山
伊豆七岛

【本书中介绍的寿司种的主要渔场】

红鲷鱼	和歌山（加太）、濑户内海（鸣门、淡路、今治）
牙鲆鱼	北海道（濑棚）、千叶（铫子）、青森（八户）
春子鲷	东京湾、兵库（淡路）、鹿儿岛（出水）
鲽鱼	北海道（知内）、东京湾（横须贺）、大分（日出）
鲣鱼	宫城（石卷）、千叶（胜浦）、和歌山（周参见）、宫崎（油津）
沙丁鱼	千叶（铫子）、静冈（烧津）、和歌山（串本）、鸟取（境港）
大竹荚鱼	千叶（外房）、东京（伊豆七岛）、和歌山（串本）、爱媛（爱南）
竹荚鱼	千叶（富津）、大分（佐贺关）、鹿儿岛（出水）
小肌	东京湾、静冈（舞阪）、佐贺（太良）、熊本（天草）
鲭鱼	宫城（石卷）、千叶（富津）、鸟取（境港）、大分（佐贺关）
水针鱼	宫城（七浜）、爱知（三河湾）、兵库（淡路）
本海松贝	东京湾、爱知（三河湾）
赤贝	宫城（关上）、香川（观音寺）、大分
鲍鱼	千叶（外房、内房）
珧柱	北海道（苫小牧、奥尻）、千叶（富津）
紫鸟贝	爱知（三河湾）、东京湾、香川（观音寺）
蛤蜊	茨城（鹿岛）、千叶（九十九里）、爱知（桑名）
乌贼	熊本（天草）、鹿儿岛（出水）
莱氏拟乌贼	长崎（五岛列岛）、千叶（馆山）、静冈（御前崎）
章鱼	神奈川（佐岛、九里浜）、兵库（明石）、长崎
甜虾	北海道（余市）、新潟、富山
牡丹虾	北海道（增毛）、富山
日本对虾	东京湾、大分、熊本（天草）、宫崎
皮皮虾	北海道（小樽）、东京湾（小柴）、福岛（相马原釜）、冈山（日生）
鱼子	北海道（常吕、罗臼、广尾、浦河）
海胆	北海道（余市、利尻、礼文、厚岸、根室、罗臼）
海鳗	宫城（石卷）、东京湾、长崎（对马）
海苔	长崎（有明）

* 养殖场也包含在内。会根据时节变化而有所不同。
* 该表主要列出的是寿司店内已知的产地。

吧台

制作寿司和品尝寿司，将二者有机结合起来的正是吧台。
寿司匠人站于吧台之内，一举一动尽收客人眼底，宛如舞台上的表演。
吧台构成了寿司店内特有的独特空间。

[第 2 章]

准备工作——鱼

Preparing

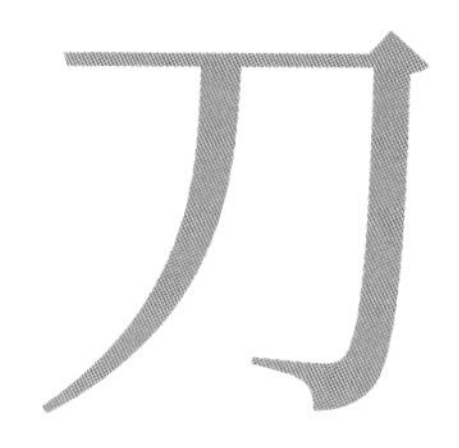

寿司店开展准备工作时，
第一件大事就是用刀将海鲜做初步处理。
寿司匠人在厨房内将各式各样的鱼分解、切片，
然后转移阵地，把鱼放在客人面前对鱼肉做进一步切分。
一旦下刀就覆水难收，因此操作时万万不能大意。

在对食材做初步处理或切分时刀是不可缺少的工具，宛如手的延伸。好的刀工不但使食材外形好看，更能影响味道和口感。根据用途的不同，刀的品种也不相同，日本有几十种刀。这些刀大致可分为三类，分别是采用日本传统铸造技术制作而成的和刀、日本家庭普遍使用的洋刀、制作中国菜时使用的中式菜刀。寿司店中使用的是和刀。和刀与洋刀的主要区别在于刃的不同。和刀基本都是单刃刀，由软铁和硬钢搭配铸造而成，其刀刃是单面的，硬度极高，用来切生鱼片时能切出漂亮的外观。洋刀的刀刃则是由一块钢板双面磨制而成，两面都有刃，是双刃刀。洋刀易上手，在日本家庭中非常普及。寿司店中最常用的和刀是柳刃刀和出刃刀。

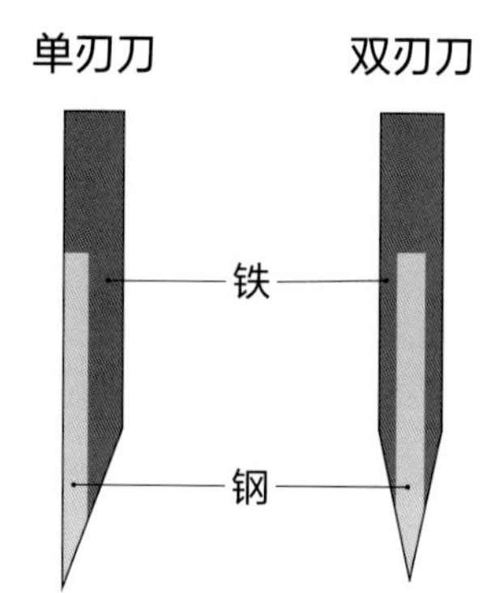

小知识

好使的刀和不好使的刀

如果刀不好使，就切不出漂亮的外观，不但不好看，还会影响食材的口感。下面的照片是在显微镜下观察到的金枪鱼切面。好使的刀切出来的切面是平滑的，而不好使的刀切出来的则粗糙很多。

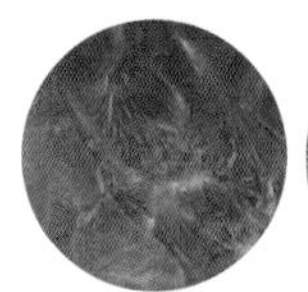
使用锋利的柳刃刀切出的断面

使用锋利的文化刀切出的断面

使用不锋利的文化刀切出的断面

图片出处：株式会社日立科技

鮨 たかば

单刃刀

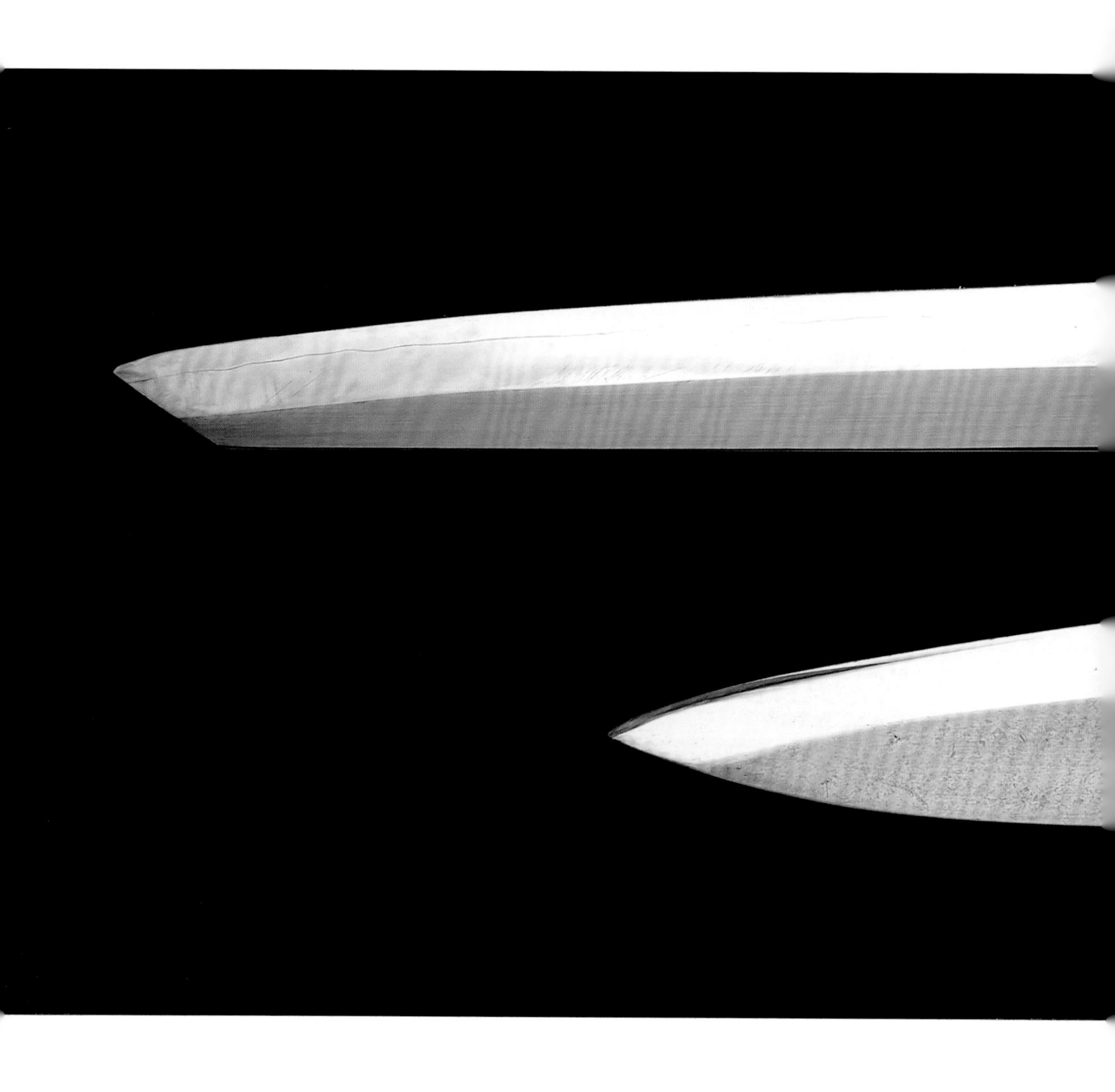

[柳刃刀] 刀长 24~36 厘米，刀身细长，顶部尖利。刀刃锋利，切出的断面漂亮，常用来切生鱼片和寿司种。刀身足够长，可以一气呵成地拉切下来，不用来回锯切，切面平滑。食指放在名为“峰（栋）”的刀背处，其他手指握住刀柄，在充分考虑纤维方向的基础上下刀，调整呼吸，一口气切下去。

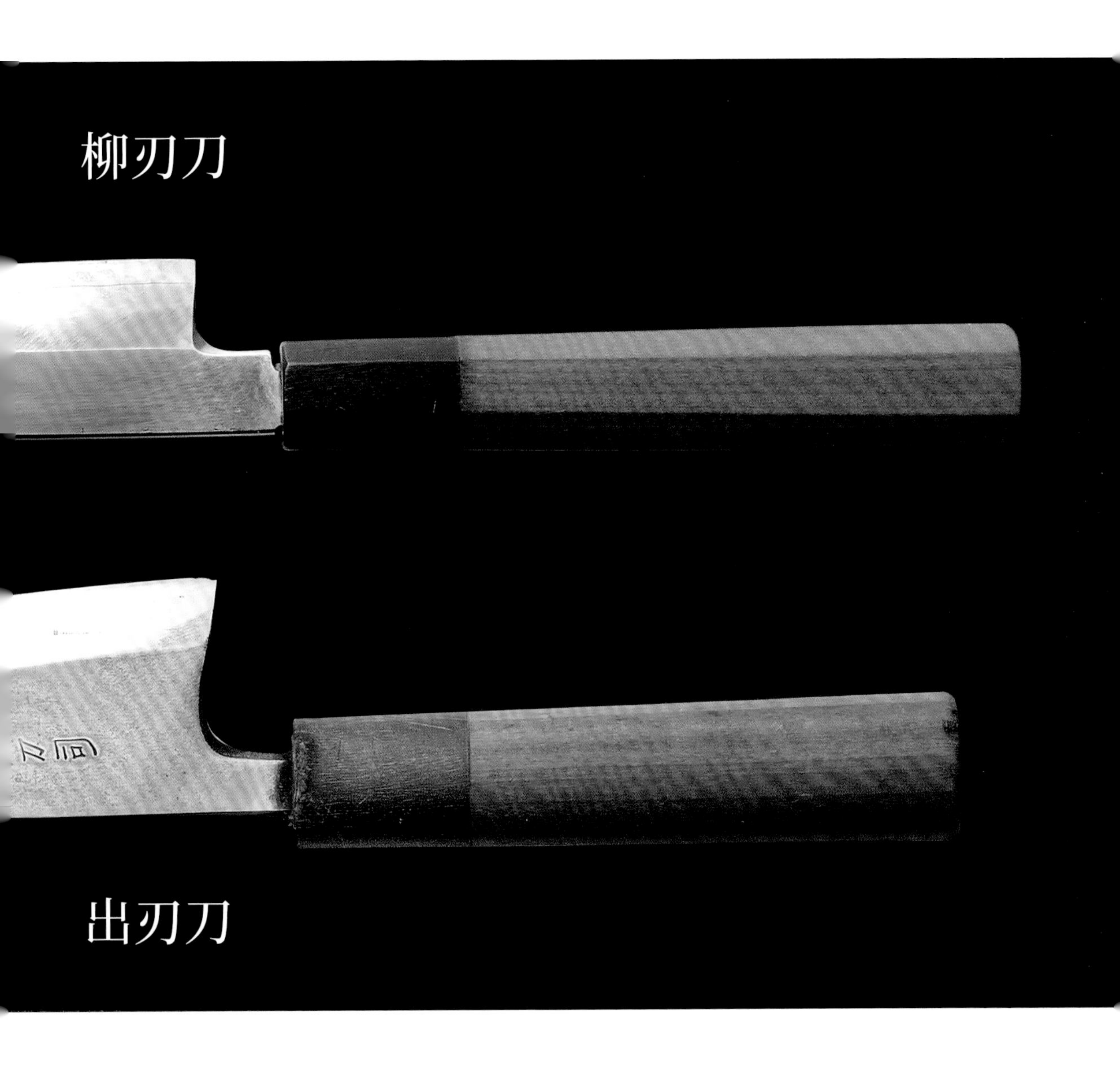

[出刃刀] 刀厚而宽，主要用来分解鱼。因为颇具重量感，很适合剁鱼头或切鱼骨头。出刃刀的大小型号非常多，小到 10 厘米左右的小出刃刀，大到 24 厘米左右的大出刃刀一应俱全，基本每 3 厘米一个型号。使用出刃刀的正确姿势是：将食指放置于刀背上，中指贴在刀柄与刀身的凹陷处，无名指和小拇指握刀柄。

刀的各部位名称

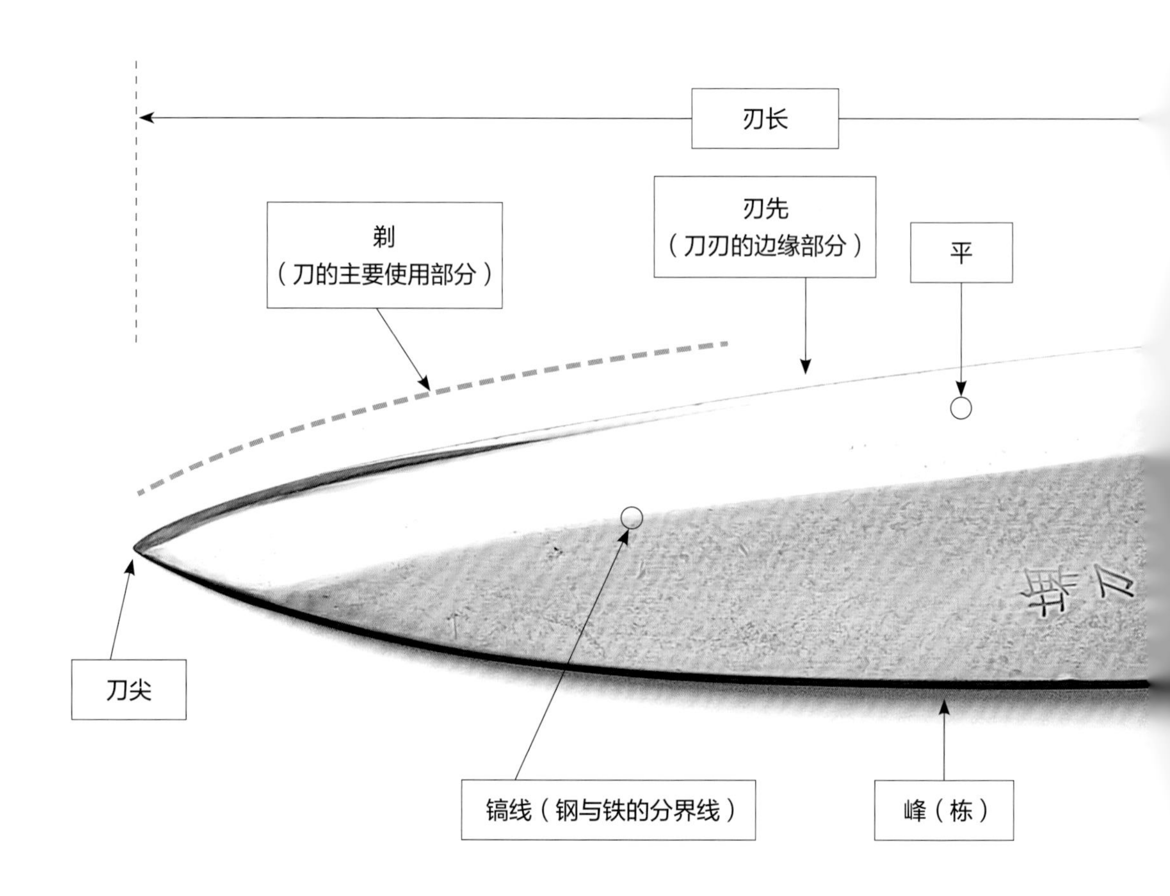

刀的制作步骤 ~ 传统方法 ~

1. 锻接、锻造	在这一步，制刀师将钢片与软铁拼接在一起，制作出刀的形状。将黏合剂硼砂（一种矿物质）和氧化铁粉撒在软铁上，放上钢片，用 900℃左右的高温加热，然后用锤子敲打。
2. 修型	在这一步，制刀师修正锻造时所造成的扭曲变形，将多余的部分切掉或削掉。刻印也是在这一步进行的。
3. 淬火	烧土㊀、砥粉㊁加水搅拌后涂于刀身，干燥后放入 800℃左右的炉中加热，然后放入水中急速冷却。经过淬火后，钢材的硬度增加。

㊀ 烧过的土被称为“烧土”。 ——译者注
㊁ 砥石（磨刀石）的粉末。 ——译者注

小知识

为什么柳刃刀（生鱼片刀）是长的

实验证明，像生鱼片刀这类长刀切出来的断面比短刀切出的断面漂亮。虽然用长刀会花费更长的时间，但是对鱼肉组织的损伤更小，切出的断面平滑而有光泽。

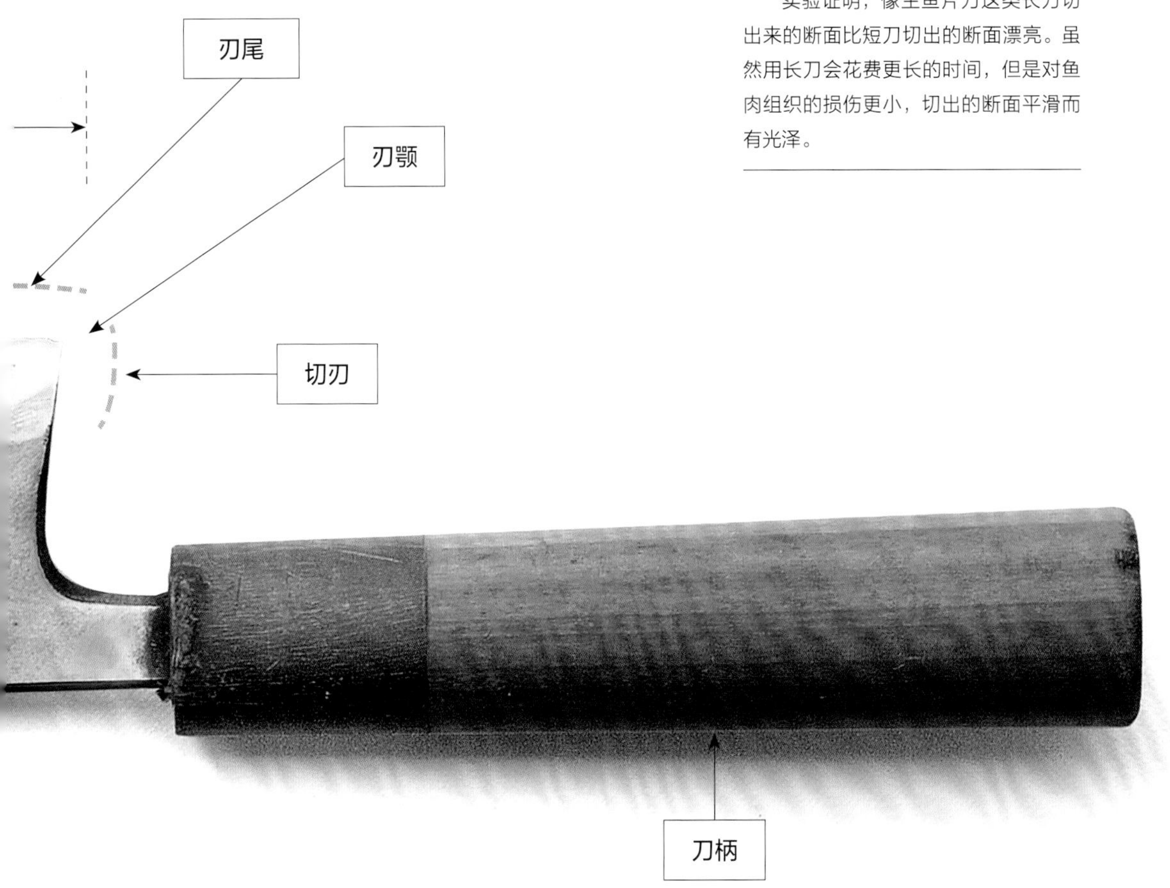

4. 回火	刀具经淬火处理后硬度增加，但是很脆。使用 150~200℃的温度再次加热，然后缓慢冷却，这样可以提升刀具的韧性。强度和韧性的平衡是决定一把刀是否锋利、好使的重要因素，回火是非常具有难度和挑战性的一步工艺。淬火后去掉土和砥粉，此后如有不满意之处，使用锤子捶打修正，这一步称为“均”。
5. 研磨、装柄	按照先粗后细的顺序用不同细度的砥石研磨刀刃。过程中刃的部分温度升高，局部硬度下降，为避免发生歪斜，研磨的同时使用大量凉水降温。最后装上刀柄，适当打磨。制刀步骤完成。

白肉鱼

肉色白且血合[一]少的鱼肉称为白肉鱼。
味淡、微甜、具有透明感的优质白肉鱼，
适合生吃，也可以用盐、昆布做保鲜处理后搭配寿司饭吃，
口感独特，别具风味。

在那些自称江户前的寿司店中，谈到白肉鱼，一般指红鲷鱼、鲽鱼、牙鲆鱼，但是近年来增加了很多品种，如鲈鱼、牛尾鱼 、剥皮鱼（螺纹马面鱼）、魴鱼、金目鲷、鮟鱇鱼、河豚、鳢鱼等也被用来作寿司种。优质的白肉鱼肉质紧实、透明，虽然味道淡，却有一股淡淡的甜味和香味。这种甘甜淡淡的，却又很分明。相应地也产生了力图最大限度激发白肉鱼魅力的加工技术，如在处理有名的白肉鱼——牙鲆鱼时，把经过“活缔”处理的鱼分解，去皮，切分成五片，然后用毛巾包裹放入冰箱，静候它变得更加美味。

小知识

“活缔”与放血

鱼乱动挣扎，消耗 ATP（参考 52 页），而 ATP 是构成鲜味成分肌苷酸的基础物质。人们为了抑制 ATP 的消耗，在捕到鱼后第一时间对其进行“活缔”处理，让它安静下来。缔处理分为两种，分别是“活缔”和“神经缔”，一般多做活缔处理，必要时才做神经缔处理。

所谓“活缔”，指用手钩破坏鱼的延髓（位于鱼脑末端），或者用刀将延髓切掉。大型的鱼经“活缔”处理后当时能安静一段时间，但过一段时间又会动起来，继续消耗 ATP。为此，人们用金属丝刺伤鱼的神经，鱼的神经被破坏后就不能再向脑发送信号了，这便是“神经缔”。经“活缔”“神经缔”处理后，ATP 保留在鱼的体内，鱼身不会变僵硬。缔处理后，再将鱼鳃或鱼尾附近的动脉割断，放血。经放血处理后的鱼，放一段时间也不会变色或变腥，能始终保持鱼肉本身的漂亮颜色和鲜美味道。

[一] 血合指鱼腹部和脊背之间的肉，肉质紧实，富含蛋白质，呈红黑色。 ——译者注

分解红鲷鱼

红鲷鱼很软，但骨头非常硬。尤其是野生红鲷鱼，长有血管刺，那是一种从脊椎骨伸向腹部的小骨头。因此，分解红鲷鱼时刀容易受损，鱼也容易碎掉，较难分解。使用出刃刀[一]将鱼身切成上肉、中骨、下肉三部分。皮下富含丰富的风味物质，口感脆爽，因此制作寿司时一种方法是将皮去掉，还有一种方法是保留鱼皮，用热水焯皮后直接连皮带肉做寿司。

[一] 出刃刀是一种日式刀具，也叫“出刃”，专门用来处理鱼。 ——译者注

什么是红鲷鱼？

鲷科包含很多种鱼，但是在寿司行业，说起鲷鱼基本指红鲷鱼。红绸鱼外表是艳丽的红色，外观漂亮，在日本的古代是祭典用鱼。野生红鲷鱼非常珍稀，市面上常能看到大量人工养殖的红鲷鱼。人们普遍认为红鲷鱼的甜味比较明显，其富含的甘氨酸（一种令人感觉到甜的氨基酸）比鲣鱼和金枪鱼还多。

产生甜味感觉的甘氨酸含量（每 100 克）

红鲷鱼	8~34 毫克
鲣鱼	4~7 毫克
金枪鱼	3~8 毫克

出自：日本营养、粮食学会网站“食品中的游离甘氨酸含量”

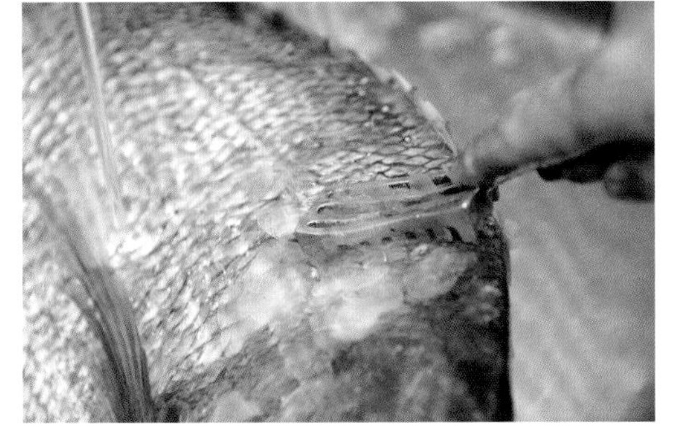

使用刮鳞刀仔细将鱼鳞刮干净。按照从尾部到头部的方向，逆着鱼鳞小幅度地刮掉头部以外的鱼鳞，然后换出刃刀，将鱼腹部和头部附近的鱼鳞清理干净。用刀尖将鱼头和脊背上的鱼鳍切掉。

三片式分解法

三片式分解法是一种最基本的分解方法，用出刃刀将鱼切分为三片。用来做寿司的鱼中，除了红鲷鱼，竹荚鱼、鲣鱼等也采用三片式分解法处理，将鱼身切分为上肉、中骨、下肉三部分，其中上肉和下肉用来做寿司种。分解鱼之前，应将鱼鳞刮净，内脏掏出，用流水洗净，切掉鱼头和鱼尾。这一系列操作统称为“水洗”。

【水洗的步骤】

1 刮鳞。
2 让鱼头朝右，腹部面向自己，打开鱼鳃盖，将刀尖伸进去，沿着鱼鳃肉切。将两面的鱼鳃和鱼鳃肉之间的薄膜切开。
3 打开鱼鳃盖，将刀尖伸进去，分别从里外两个方向将鱼鳃根部割断，取出鱼鳃。
4 为避免弄碎内脏，使用刀尖，从下颚一直切到肛门。
5 用手掏出内脏，再用刀切断。
6 用刀尖沿着鱼中骨将血合切下。
7 用流水仔细将鱼腹洗净，用布擦干。
8 沿着将胸鳍和腹鳍连起来的那条线切，深度以刀尖触到中骨为标准。翻面，进行同样的操作。
9 一刀切断连接头部和身体的骨头，扔掉鱼头。

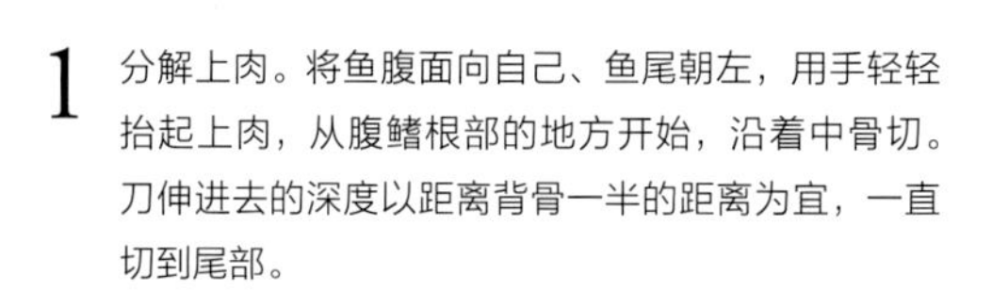

1 分解上肉。将鱼腹面向自己、鱼尾朝左，用手轻轻抬起上肉，从腹鳍根部的地方开始，沿着中骨切。刀伸进去的深度以距离背骨一半的距离为宜，一直切到尾部。

2 切到尾部后将刀拿开，然后重新从头部下刀。手轻轻拿住上肉，配合刀行进的速度，一点点将上肉抬起，沿着鱼骨一直切到尾部。

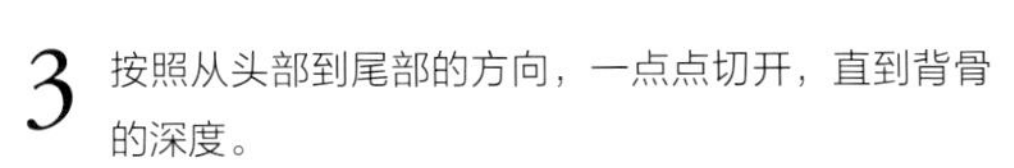

3 按照从头部到尾部的方向，一点点切开，直到背骨的深度。

4 切到背骨后调转方向，让鱼尾朝右，背部面对自己，按照从尾部到头部的方向浅浅下刀。

5 用手轻轻地拿住上肉，配合刀行进的速度，一点点将上肉抬起，沿着中骨从鱼尾切到鱼头。沿背骨切，直至切到背骨的深度。

6 刀尖顺着背骨隆起的部分行进。

7 刀刃朝鱼尾方向一刀切到底，将上肉切下。

8 翻面后将鱼头朝右，鱼背面对自己，沿着中骨浅浅下刀。

9 用手轻轻拿住下肉，配合刀行进的速度，一点点将下肉抬起，沿着鱼骨从鱼头切到鱼尾。由浅入深，朝着背骨的方向深入。

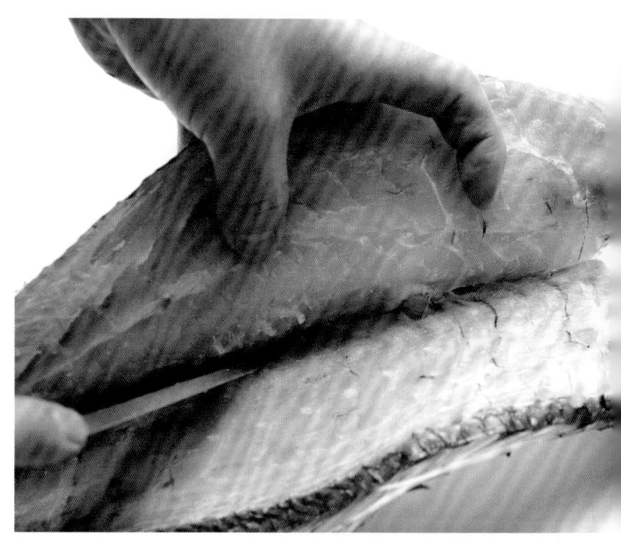

10 切开的深度一直达到背骨为止。

11 鱼尾朝右，腹部面向自己，在尾部下刀，逐渐向鱼头方向行进。

12 刀刃朝鱼尾方向一刀切到底，将下肉切下。

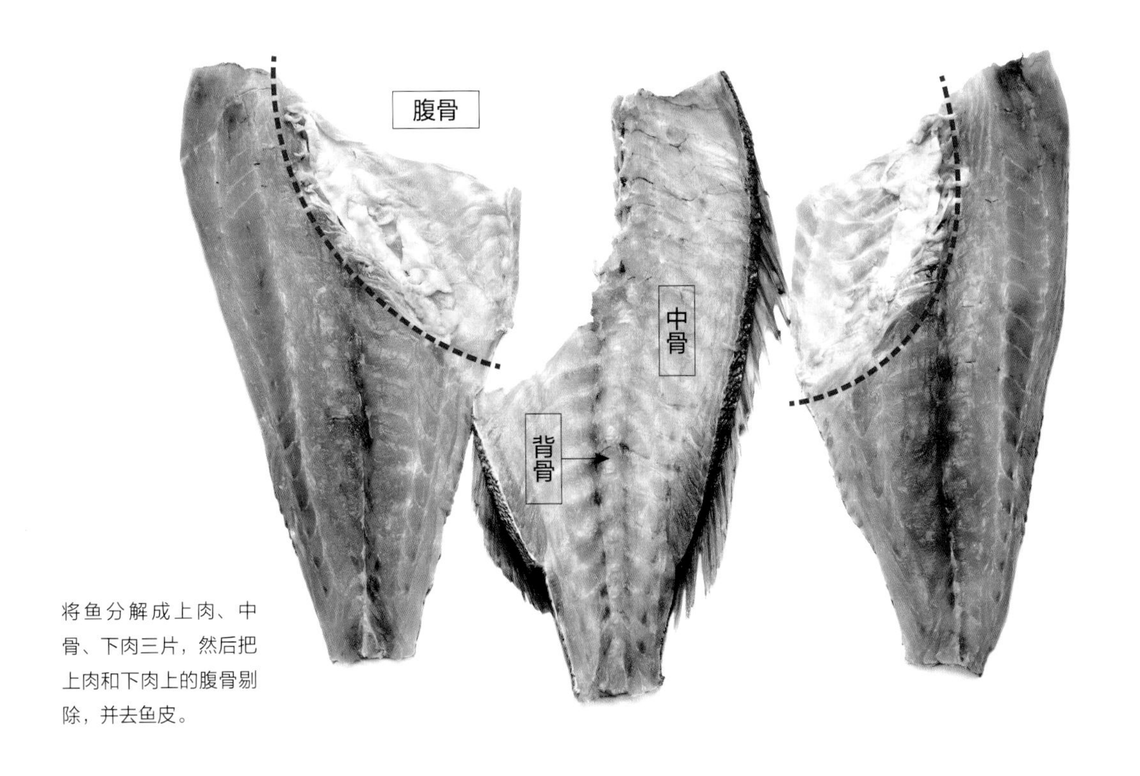

将鱼分解成上肉、中骨、下肉三片，然后把上肉和下肉上的腹骨剔除，并去鱼皮。

分解牙鲆鱼和鲽鱼

牙鲆鱼和鲽鱼生活在海底，属于左右扁平的体型。这种体型便于隐藏在海底环境中，不易被天敌发现。牙鲆鱼和鲽鱼长得非常像，有“左看是牙鲆鱼，右看是鲽鱼”的说法，人们一般通过眼的位置来区分二者。鉴于牙鲆鱼和鲽鱼扁平且宽的体型，人们一般将其分解为五片。沿着中央的背骨切开，然后分别向背鳍和腹鳍方向切，注意不要将鱼身弄碎。

什么是牙鲆鱼？

晚秋至次年春季是野生牙鲆鱼的盛渔期，每年到霜降时节，牙鲆鱼开始囤积脂肪，体型变大。春夏时节，市面上也有牙鲆鱼，但此时的鱼刚产完卵，味道比不上其他时节，因此不少寿司店是不用的。“缘侧”是牙鲆鱼身上牵动背鳍和腹鳍活动的肌肉，一条鱼上只有极少的一点儿。“缘侧”口感脆爽、味道鲜美，深受食客欢迎。

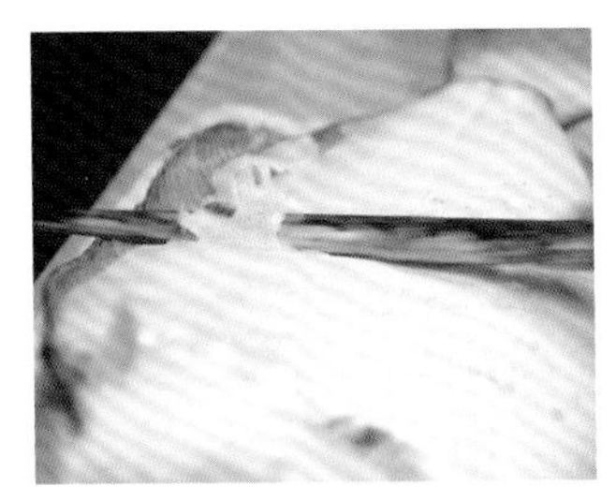

牙鲆鱼和鲽鱼的鱼鳞都非常细密，浑身上下长满鱼鳞。因此，处理时要选用柳刃刀，将鱼鳞薄薄地刮下来，这个操作称为“梳引”。外表黑色部分的鱼鳞和里面白色部分的鱼鳞都要清理干净。

什么是鲽鱼？

鲽鱼分为很多种类，其中经常用来做寿司种的是黄盖鲽（又叫黄金鲽、偏口鱼）和圆斑星鲽（又叫花斑宝），野生的黄盖鲽和圆斑星鲽，盛渔期都在夏季。圆斑星鲽比黄盖鲽更名贵，就算所有白肉鱼都算在内，圆斑星鲽也是数得上的高级食材。谈到鲽鱼的魅力，其出众的口感最为人所称道。鲽鱼体内富含胶原蛋白，口感脆爽。

五片式分解法

五片式分解法用于分解牙鲆鱼、鲽鱼等扁平形的鱼，将鱼身共分解为五片。“缘侧（见 45 页）”是位于鱼鳍根部的肌肉，非常发达，鱼鳍正是由“缘侧”牵动的。只有这里能用来做寿司种，因此分解时需十分小心，以免破坏掉“缘侧”。分解鱼之前，应使用柳刃刀将鱼鳞刮净，内脏掏出，用流水洗净，切掉鱼头和鱼尾。

【水洗的步骤】

1 用柳刃刀将鱼鳞去掉。残留的鱼鳞用出刃刀清理干净。
2 从胸鳍旁边的位置下刀，出刃刀沿着鱼鳃肉切，反面也进行同样的操作，连头带内脏一起切掉。
3 用水洗净，将鱼身擦干。

1 使用出刃刀分解。将鱼放好，让鱼头朝右上方，左手轻按鱼身，沿着中间背骨的方向直直地切开。

2 刀尖沿着鱼鳍的边缘，在鱼肉和鱼鳍之间浅浅切下。

3 鱼尾朝右上方放好鱼，沿中骨斜着下刀，刀尖从中心向边缘方向一点点切开。

4 用刀尖在鱼鳍和鱼肉之间切开。

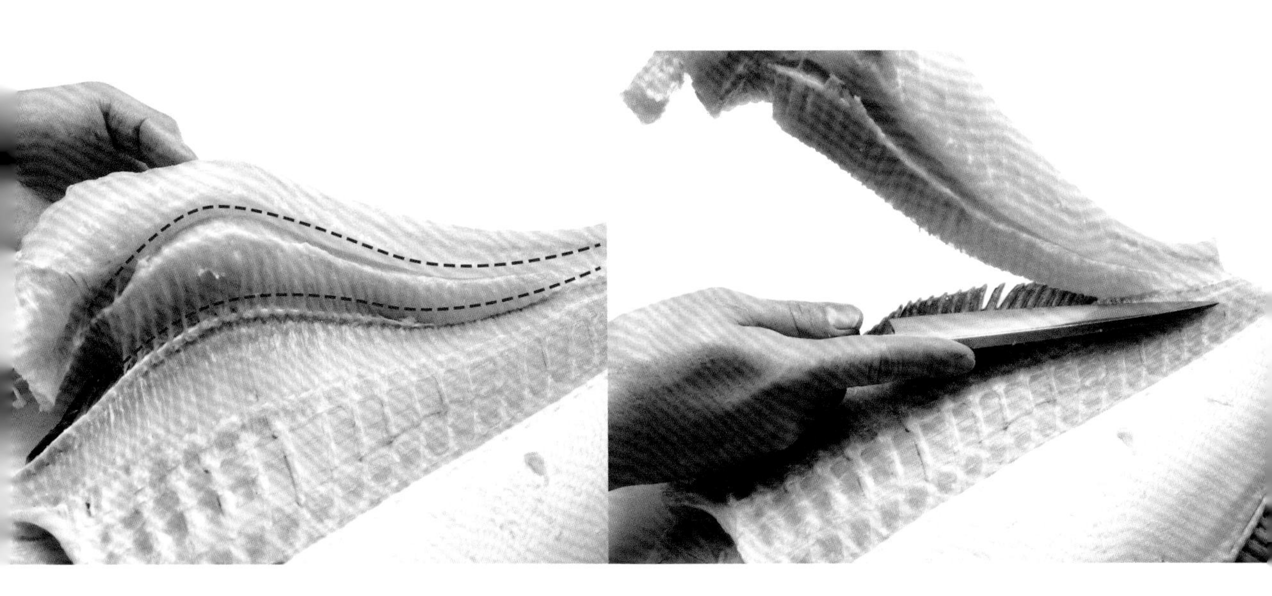

5 用手轻轻地把肉掀起来，红色虚线框起来的地方就是“缘侧”。

6 刀身平着，刀尖置于鱼鳍和鱼肉之间，慢慢地将上半部分切下。

7 鱼头一侧朝右上方放好，用刀尖斜着沿中骨剔下上面的另外一半。

8 翻面，刀尖沿着鱼鳍的边缘浅浅切开。

9 鱼尾一侧朝右上方放好，左手轻轻按住鱼身，右手用出刃刀沿背骨径直从中间切开。

10 鱼尾保持右上方朝向，刀尖沿着中骨由中心一点点向边缘切开。

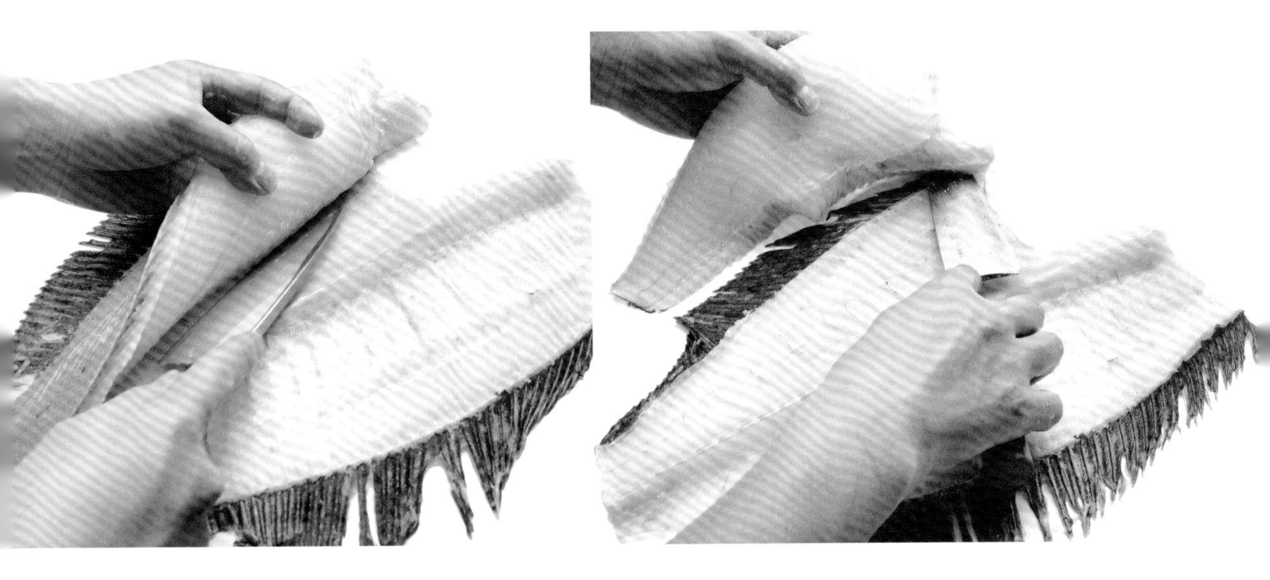

11 沿着鱼中骨行刀，用刀尖在鱼鳍和鱼肉之间切。

12 左手轻轻拿住鱼肉，慢慢地将鱼鳍和鱼肉切开，把鱼肉分离下来。

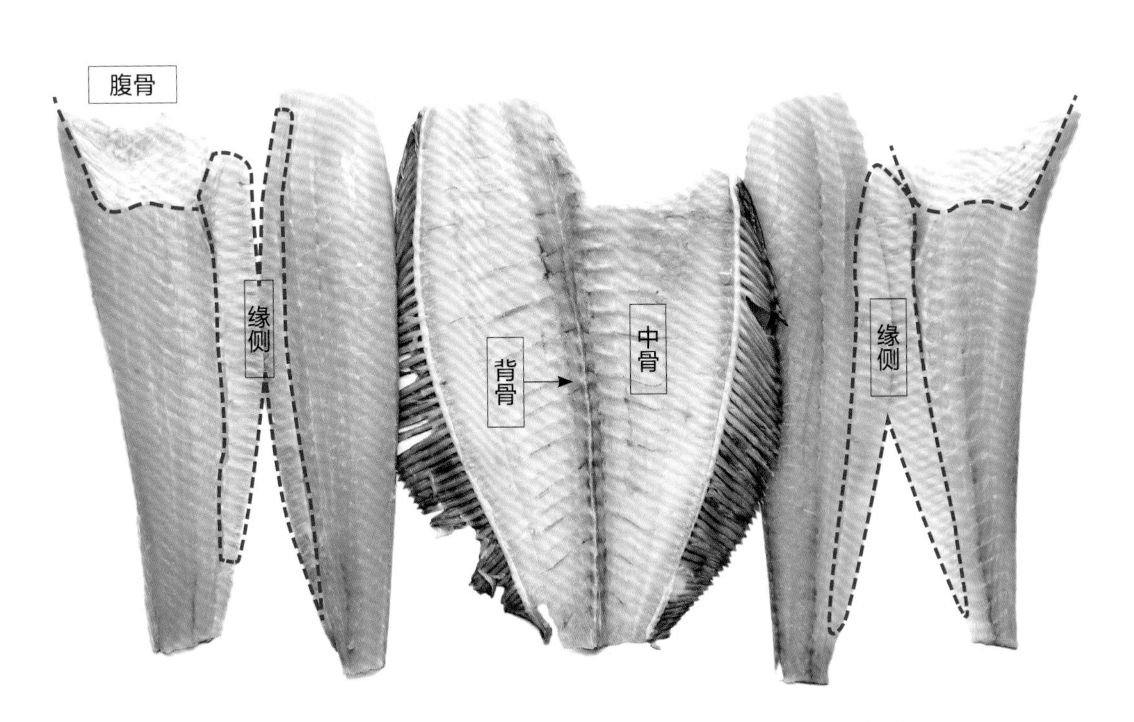

五片式分解法将鱼切分为腹肉两块、背肉两块、中骨五部分。之后用刀剔除腹骨和鱼皮。将缘侧切下，去皮。

昆布缔

昆布缔是一种料理方法，用昆布将鱼肉裹住，放置一段时间，常用来处理红鲷鱼、鲽鱼、牙鲆鱼等白肉鱼类。昆布中含有大量的鲜味物质谷氨酸，经过昆布缔处理，这些谷氨酸会转移到鱼肉中去。而鱼肉中富含另外一种鲜味物质——肌苷酸，当谷氨酸与肌苷酸相遇，鲜美度成倍提升，这称为鲜味的相乘效应。昆布缔就能实现这种效果。

此外，昆布是干的，能吸附鱼肉中的水分。鱼肉中的水分被吸走后，鲜味物质浓缩，因此鱼肉吃起来更加鲜美。

昆布缔的时间长短不一，有几小时的，也有几天的。时长、温度、湿度等因素均会对食材的味道和口感产生影响，因此昆布缔成败的关键就在于对这些因素的把握，这也是考验大厨技艺的地方。

做昆布缔之前的牙鲆鱼肉。先用拧干的毛巾将昆布擦干净备用。

在昆布里裹了两天后的牙鲆鱼肉。水分被吸走，鱼肉变小了些，昆布的颜色附着在鱼肉表面。牙鲆鱼中的肌苷酸和海带中的谷氨酸相结合，产生鲜味的相乘效应，鲜美度大幅提升。

鱼的肌肉

鱼的肌肉基本都分为横纹肌和平滑肌两种。像鱿鱼、章鱼这类无脊椎动物还具有斜纹肌。

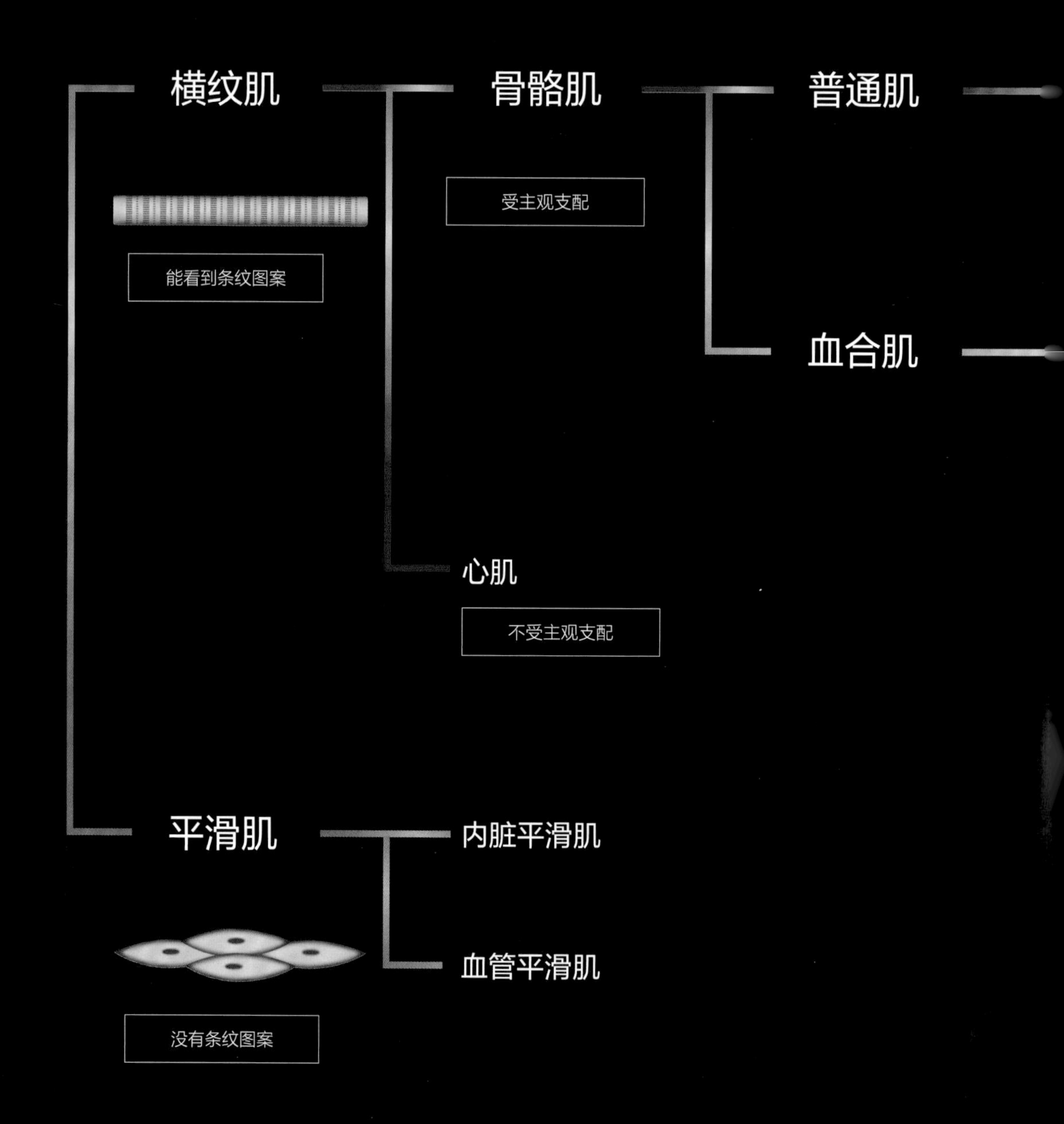

白肉鱼：
肉的口感筋道，斜着用刀
将鱼肉片成薄片。

【胶原含量】

多

少

白色肌

不消耗氧气，靠分解肌肉中的糖原来获取活动的能量。负责瞬间爆发力，在捕食猎物或逃跑时发挥作用。

红色肌

肌红蛋白摄取血液中的氧，有效地将脂肪转化为能量。在鱼长时间游动时发挥作用。

红肉鱼：
肉的口感绵软，
将鱼肉切成厚片。

【血合的量】

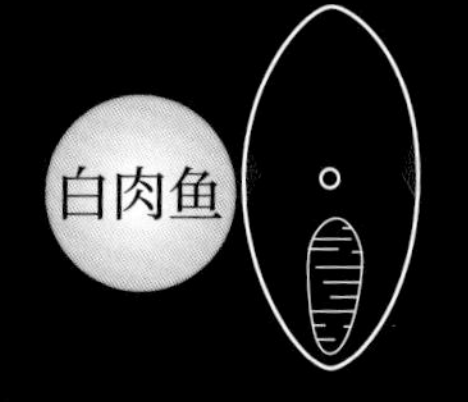

红鲷鱼、牙鲆鱼、鲽鱼等
白肉鱼血合很少。

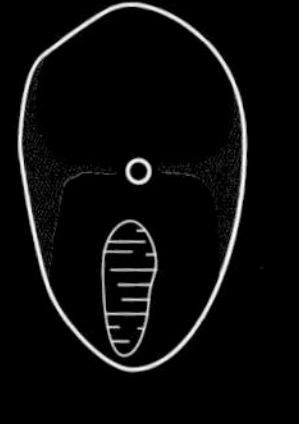

鲭鱼、大竹荚鱼的血合多，
颜色呈淡红色，由外部伸向内部。

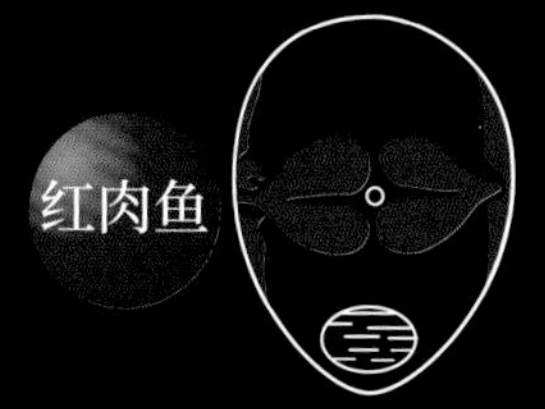

金枪鱼的血合特别多，
颜色为深红色。

鱼肉的肌肉结构

用来做寿司种的都是鱼的肌肉，沿纤维方向切、垂直于纤维切、软化鱼身等操作均是针对鱼肉纤维开展的。

做寿司种的鱼的肌肉大部分都是骨骼肌（横纹肌）（参见 48 页）。肌肉中含有深红色血合，即血合肌，是不能用来做寿司种的。

鱼贝种类不同，其肌肉结构也不相同，从而形成了各自的特点。此外，肌肉结构的变化会对肉质、口感产生很大的影响。

肌纤维变脆或切断肌纤维后鱼肉会变软，而肌纤维收缩会导致鱼肉变硬。

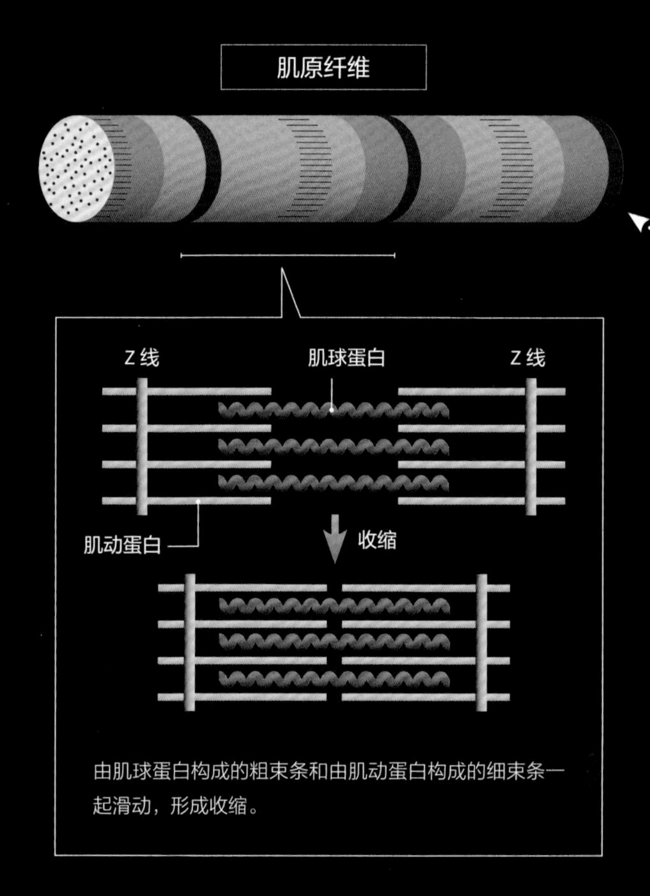

由肌球蛋白构成的粗束条和由肌动蛋白构成的细束条一起滑动，形成收缩。

白肉鱼和红肉鱼的口感差异

肌原纤维与肌原纤维之间存在一种能溶于水的球状蛋白，名叫肌质。它们发挥着类似珠垫子一般的作用。白肉鱼含肌质少，红肉鱼含肌质多。

肌质在受到牙齿咬动时的压力后会跟着动，白肉鱼中肌质含量少，因此口感是硬的，而红肉鱼中含有更多的肌质，吃起来柔软。但肌质含量的不同只是红肉与白肉口感有差异的一种原因，其他水分含量、脂肪含量的不同也是造成口感差异的重要因素。

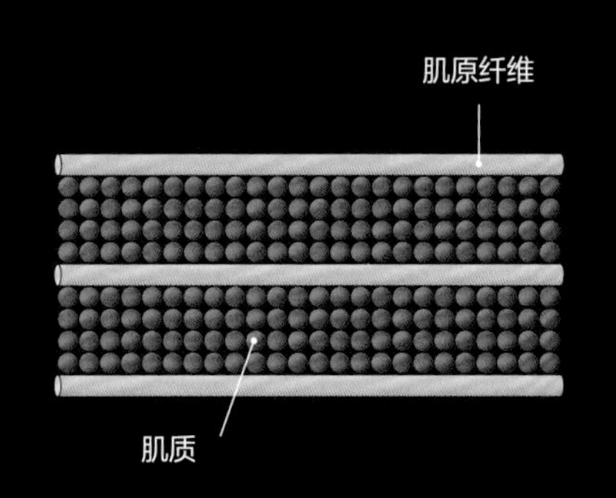

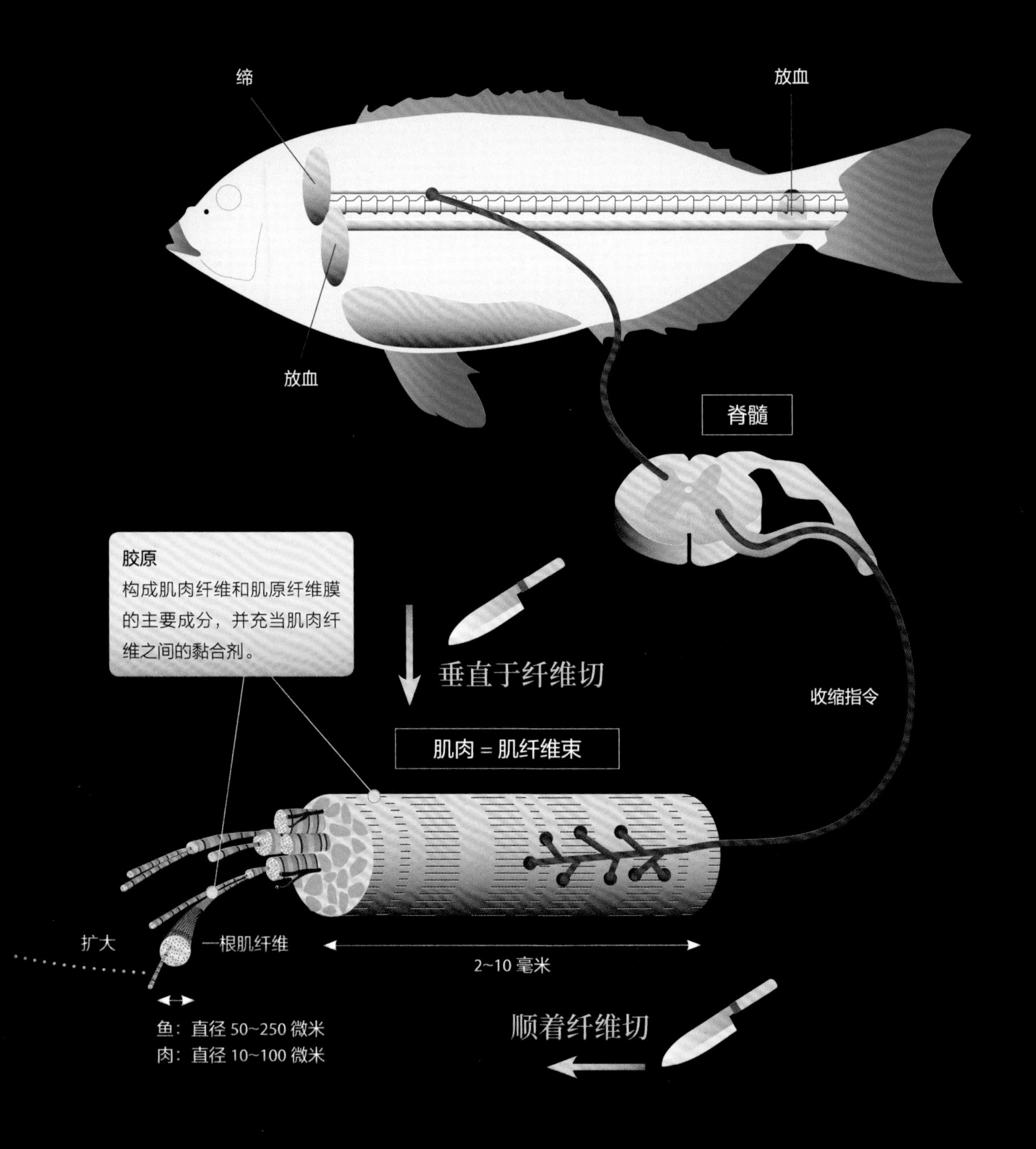

鱼“变软”的原因

鱼经过缔处理后变软，主要有两大原因：一是，肌原纤维变弱了。肌原纤维由名为肌球蛋白和肌动蛋白的蛋白质构成，通过肌球蛋白和肌动蛋白的滑动进行收缩。肌球蛋白和肌动蛋白重叠的地方被名为 Z 线的膜隔开。刚做完缔处理的鱼，其 Z 线变脆，肌纤维会变弱。二是，胶原的影响。经缔处理后的鱼，其胶原变脆。胶原具有连接肌纤维的作用，胶原变脆后，肌肉整体松弛下来，从而导致鱼身变软。

鱼死后变僵硬

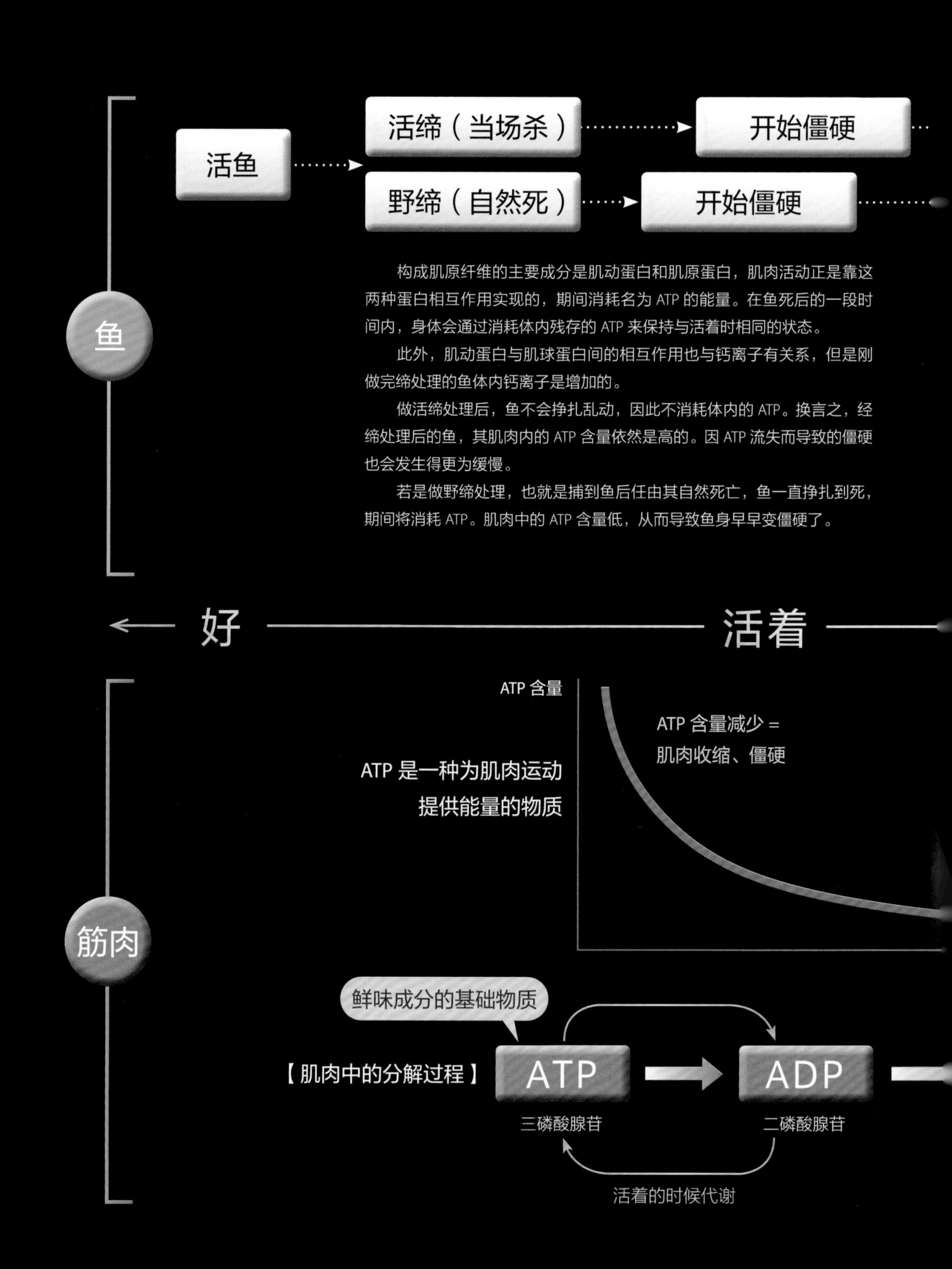

活鱼
活缔（当场杀）
开始僵硬
野缔（自然死）
开始僵硬
鱼
构成肌原纤维的主要成分是肌动蛋白和肌原蛋白，肌肉活动正是靠这两种蛋白相互作用实现的，期间消耗名为 ATP 的能量。在鱼死后的一段时间内，身体会通过消耗体内残存的 ATP 来保持与活着时相同的状态。
此外，肌动蛋白与肌球蛋白间的相互作用也与钙离子有关系，但是刚做完缔处理的鱼体内钙离子是增加的。
做活缔处理后，鱼不会挣扎乱动，因此不消耗体内的 ATP。换言之，经缔处理后的鱼，其肌肉内的 ATP 含量依然是高的。因 ATP 流失而导致的僵硬也会发生得更为缓慢。
若是做野缔处理，也就是捕到鱼后任由其自然死亡，鱼一直挣扎到死，期间将消耗 ATP。肌肉中的 ATP 含量低，从而导致鱼身早早变僵硬了。
好
活着
ATP 含量
ATP 含量减少 =
肌肉收缩、僵硬
ATP 是一种为肌肉运动
提供能量的物质
筋肉
鲜味成分的基础物质
【肌肉中的分解过程】
ATP
三磷酸腺苷
ADP
二磷酸腺苷
活着的时候代谢

鱼停止呼吸后，体内对肌肉的供氧就停止了，因此死后的肌肉状态与活着时的状态是不同的，随着时间流逝而不断变化。不同的缔处理方法也会影响鱼的肌肉状态。

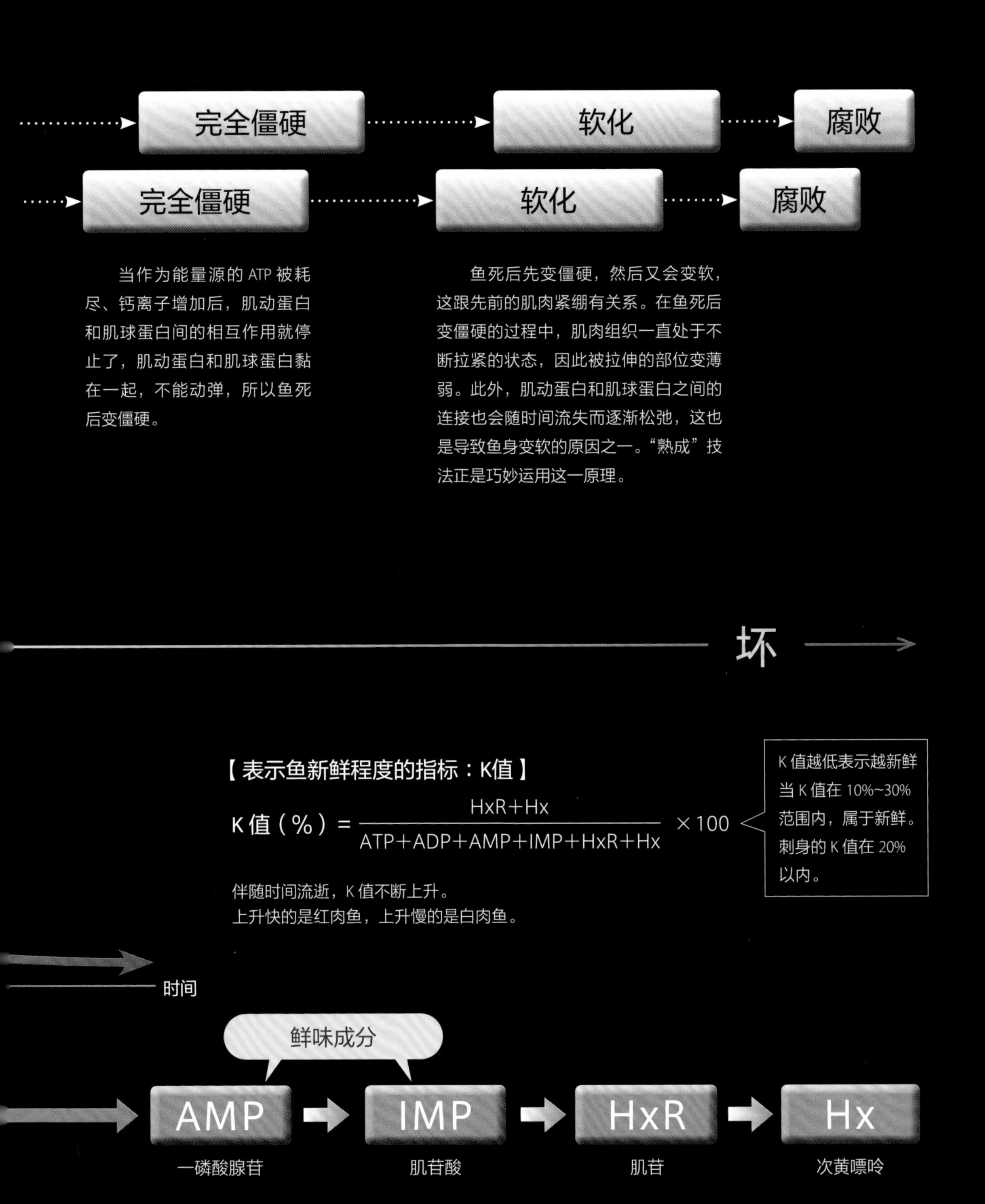

* 从 ATP 到 HxR、Hx 的转变发生在微生物引发腐败变质的前一阶段，是在肌肉中原本就含有的酵素的作用下发生的。

红肉鱼

肉呈红色，血合多的鱼称为红肉鱼。
红色的鱼肉配上白色的米饭，视觉对比鲜明。
红肉鱼脂肪含量丰富，味道醇厚，
特别是入口瞬间微微带有的那一点儿血腥鲜香，
正是它最大的魅力。

在正宗的江户前寿司店里，金枪鱼和鲣鱼是最具代表性的红肉鱼。特别是金枪鱼，在江户前寿司中是出了名的高级食材，但之前的年代里，因为金枪鱼的脂肪太多，人们一直把它看作低档食物。其实金枪鱼的脂肪含量真的很高，可以与霜降牛肉相提并论。这种脂肪具有低温下也不凝固的特性，入口即化。红肉鱼脂肪多的部位称为“肥”。

另一种著名的红肉鱼——鲣鱼，有两个盛渔期，分别是初夏和秋季，初夏的鲣鱼称为“初鲣”，秋季的鲣鱼称为“回鲣”。回鲣的脂肪含量约是初鲣的 12 倍。金枪鱼和鲣鱼都是洄游性鱼类，它们在波涛汹涌的激流中游动，消耗大量能量，而 ATP 正是能量的源头，因此金枪鱼和鲣鱼体内含有大量的 ATP。ATP 不仅能转化成鲜味物质肌苷酸，还能与肌酸和组氨酸等一起，共同打造红肉鱼所特有的浓醇口感。

分解金枪鱼

送去寿司店的金枪鱼是早晨拍卖后经仲卸[一]分解后的鱼块。仲卸沿着腹部中线和背部中线各切一刀，把硕大的金枪鱼分成 4 部分：两块腹侧，两块背侧。然后再垂直于腹部中线切两刀，进一步把鱼肉分为头侧（上）、中侧（中）、尾侧（下）3 部分，一共 12 块。在此基础上，寿司店要多少再切多少。不同部位的味道不同，当然价格也不相同。下图中的鱼肉名叫“腹中”，位于腹部的中侧。这个部位的肉脂肪含量较高。接下来将它进一步切块。

㊀ 仲卸指批发市场中处于批发商和零售商之间的中间商，零售商不具有参与市场买卖的权力，因此仲卸从批发商手中进货，然后再转卖给零售商，从中赚取差价。 ——译者注

什么是金枪鱼？

金枪鱼的种类很多，如蓝鳍金枪鱼、南方蓝鳍金枪鱼、长鳍金枪鱼、大眼金枪鱼、黄鳍金枪鱼，其中最有名的是蓝鳍金枪鱼。蓝鳍金枪鱼非常受欢迎，经常因拍卖出高价而成为人们热议的话题。蓝鳍金枪鱼长约 3 米，重 400 千克左右，如此威风凛凛的硕大体型称得上是金枪鱼中的王者。它具有轻微的酸味、柔和的血液鲜香和浓醇的甜味，脂肪入口即化。绝大多数寿司店都对金枪鱼做熟成处理，熟成的度非常重要。熟成不到位的话，鲜度偏高，口感和香味浓郁，但是甜味不足；如果熟成过度，甜味上去了，但食材天然的鲜香和口感又会受损。把握好这个度至关重要。

切块

金枪鱼与别的寿司种不同，很少一下子购进一整条鱼，而是买其中的一块或几块鱼肉。买来的鱼肉切分成更小的块，首先切分成血合、红肉、大肥、中肥 4 部分。血合是颜色红黑的部分，它是一条位于正中央部位的肌肉，从头到尾贯穿鱼身。血合中富含肌红蛋白，是一种类似于血液中血红蛋白的色素蛋白，因此呈现这种颜色。鱼在游动时会用到血合。肌红蛋白位于肌肉组织中，发挥储存和供应氧气的作用，金枪鱼、鲣鱼等红肉鱼运动量大，血合多。血合很少用来做寿司种。切掉血合后再分别切下红肉、大肥、中肥，用作寿司种。

1 血合朝上，放好鱼块。使用柳刃刀，沿红肉和血合的分界线切下，将血合切掉。

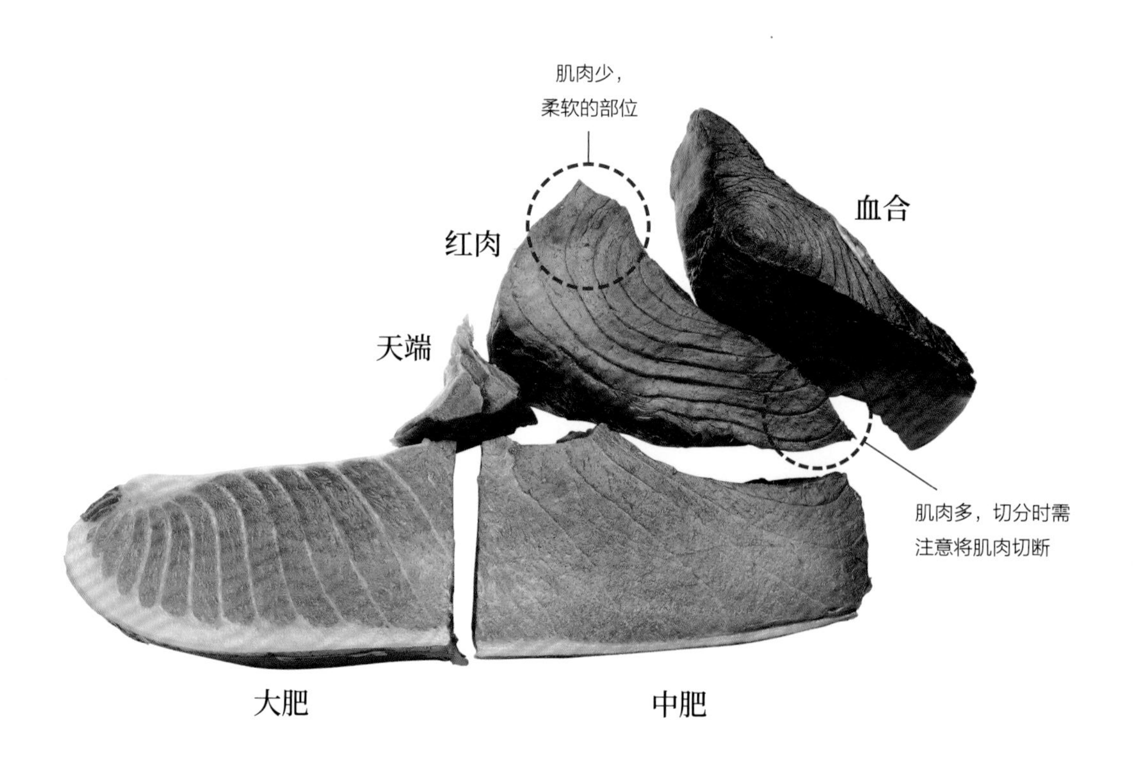

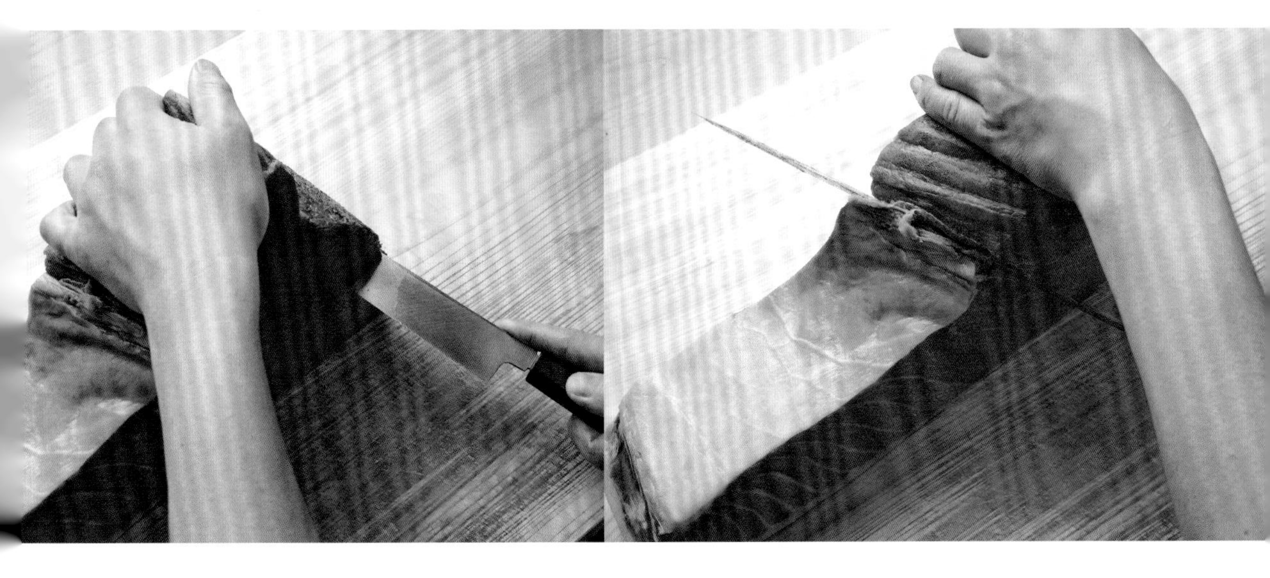

2 刀与水平面平行，沿红肉和中肥的分界线切。

3 将红肉与中肥切开，然后把中肥上部的 3 厘米切下，这是天端。

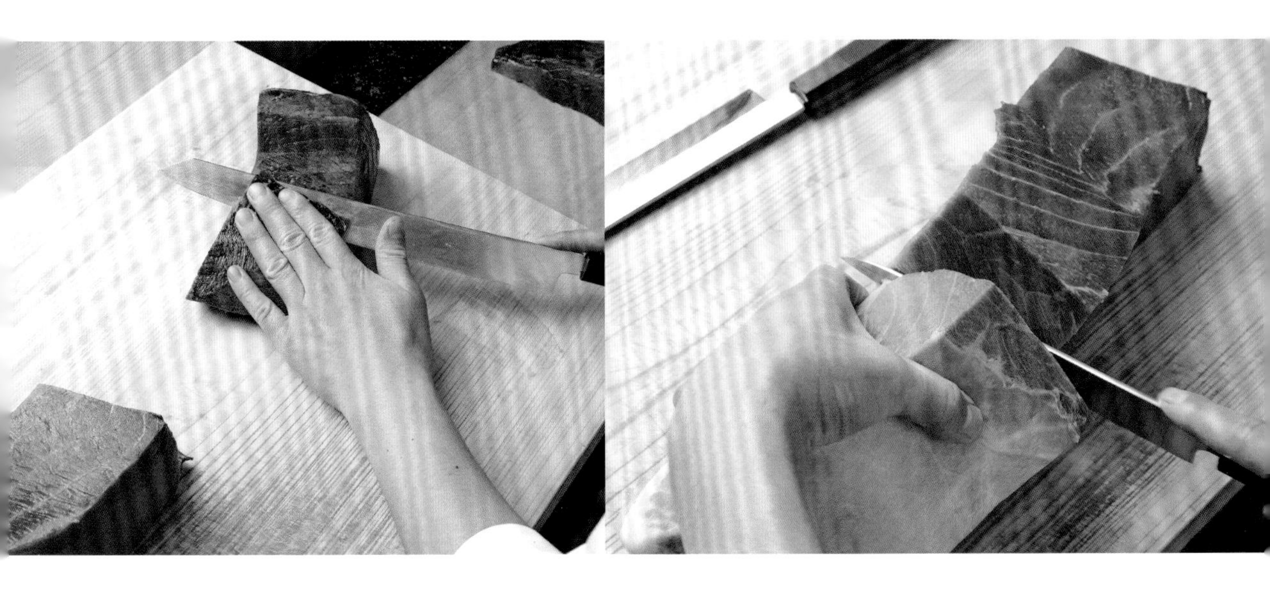

4 把红肉上的一层血合都切掉，切干净。

5 垂直于案板下刀，将中肥和大肥切开。

把鱼肉切成片备用，切好的鱼片称为“切身”。也可以先切成如 61 页所示、大小适宜的块，放入寿司种箱内，然后在顾客面前再切成片。切块时应注意把握好尺寸，长度与寿司种的长度相同为宜。这个长度因人而异，但通常跟中指的长度差不多，称为“一长”。

中肥

刀垂直于案板，直接带皮切，切成 3 厘米左右厚度的片。切到皮时不要切断，沿着皮的方向横切，将皮肉分离。修整尺寸，至“一长”大小。切下的鱼皮放到切断面上，包上纸保存起来（大肥同此操作）。

大肥

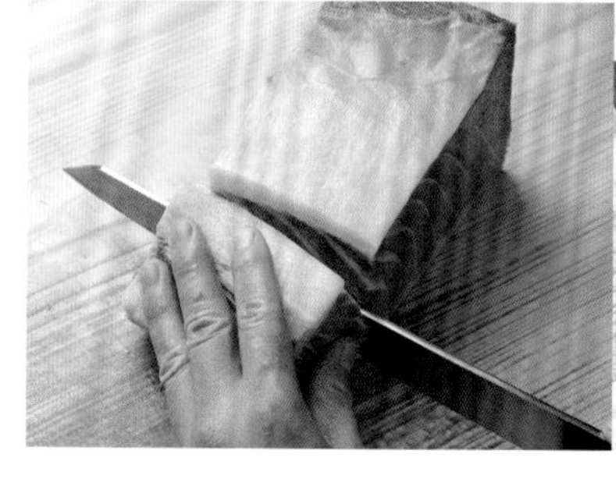

1 刀垂直于案板，直接带皮切，切成 3 厘米左右厚度的片。

2 切到皮时不要切断，沿着皮的方向横切，将皮肉分离。修整尺寸至标准的“一长”。

红肉

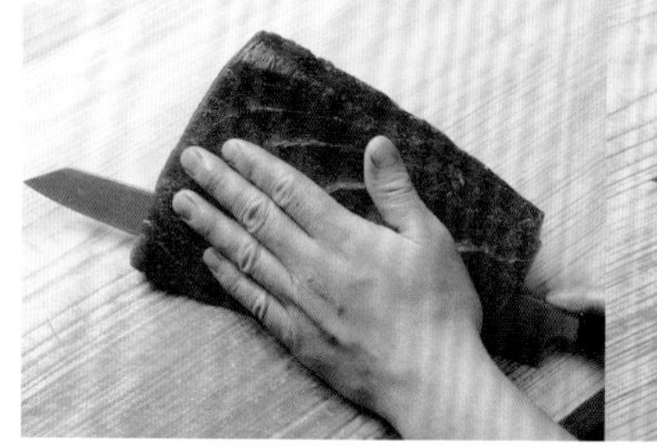

1 切成 1.5 厘米左右的厚度。

2 修整尺寸至“一长”大小。

中肥
大肥
红肉

红肉鱼与白肉鱼

在海面上游动的洄游性鱼类的肌肉，颜色红、血合多是其特点。即使肌肉的颜色并非完全是鲜红色，只要看起来是呈红色的，也称为红肉。红肉之所以呈现红色，是因为内含大量名为肌红蛋白的色素蛋白，色素蛋白发挥着运送氧气的作用。洄游鱼经常快速游动，运动量大，需要的氧气多。因此体内的色素蛋白含量高，肉呈红色。此外，红肉中与甜味相关的物质含量比白肉高，富含脂肪，口感比白肉醇厚。脂肪含量高，不好的一点是油脂氧化分解导致容易变味。

- 鲣鱼、金枪鱼、鲭鱼、三文鱼、沙丁鱼等都是红肉鱼。

运动量不大

栖息于海洋
中层和底层

白色肌肉

白肉鱼

肉质硬

基本没有
血合

色素蛋白
含量低

生活在海洋中层和底层的鱼，其血液中所含的色素蛋白普遍很少，以致肉呈现白色，且体内血合也少。它们的运动量不大，因此所需氧气不像红肉鱼那么多。白肉鱼味淡，与红肉鱼相比口感偏硬，原因是它们体内含有更多的胶原。像鲽鱼那样扭动全身游动的鱼，像红鲷鱼、鲈鱼那样使用后半身游动的鱼，像金枪鱼、鲣鱼那样只摆动尾巴游动的鱼，其体内胶原的含量依次是递减的。切片时白肉比红肉切得更薄也是因为这个原因。

● 红鲷鱼、牙鲆鱼、鲽鱼、鲈鱼等都是白肉鱼。

为了提升美味度，人们把鱼肉低温储存一段时间，这种做法就叫熟成。熟成原本主要用于肉类，后来人们也对鱼肉做熟成处理。鱼肉不同于其他肉类，鱼死后鱼肉先变僵硬然后很快又会变软，这个过程的时间很短。刺身最讲究新鲜，将鱼肉处理后直接拿来做刺身是没问题的，但用来做寿司的鱼肉往往要经过冷藏。刚切割处理过的鱼肉，口感独特，但不能与寿司饭有机融合。有些鱼需要进一步熟成处理，金枪鱼、牙鲆鱼就是这类鱼的典型代表。熟成时要用厨房纸或毛巾把切好的鱼块包起来，放进冰箱。熟成到什么程度合适呢？最好让“味道”“香气”“口感”都能达到理想状态。就鱼肉而言，ATP 和蛋白质的分解程度决定了熟成的程度。

通过熟成使鱼肉达到能与寿司饭有机融为一体的口感和味道。

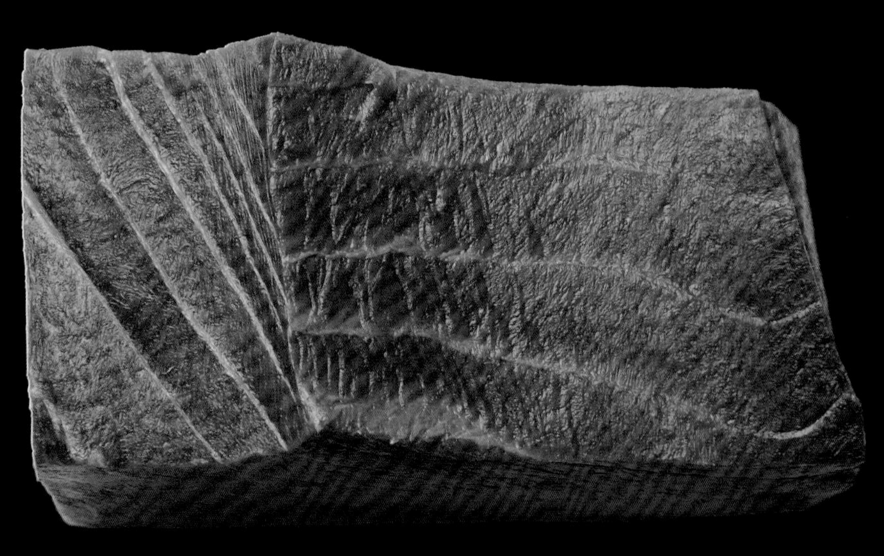

熟成后的金枪鱼肉。

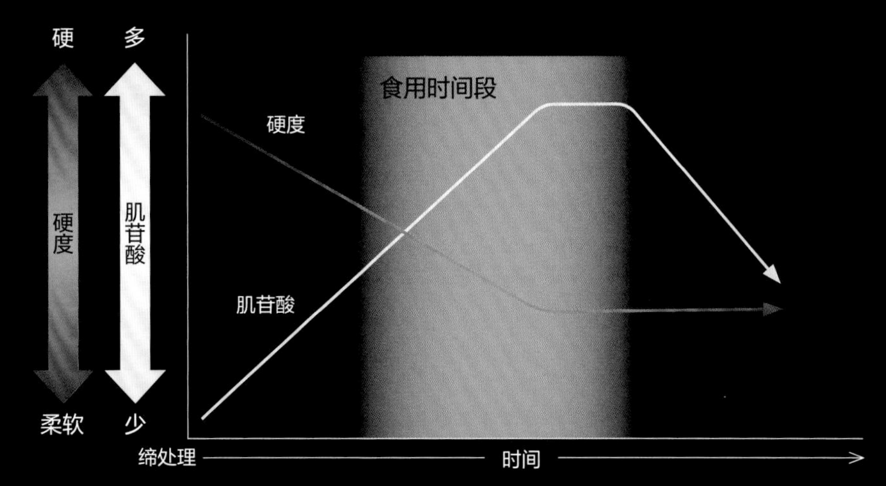

【从ATP转化为IMP（肌苷酸）】

鱼活着时，ATP是肌肉的能量来源；鱼死后，肌肉中含有的酶逐渐分解掉ATP，在这个过程中，ATP转化成鲜味物质肌苷酸（IMP）。肌苷酸进一步分解为肌苷（HxR）和次黄嘌呤（Hx）。从ATP转化成IMP的过程非常快，在极短的时间内完成，但是从IMP转化成HxR和Hx时反应非常缓慢。把握好熟成的度其实就是把握从ATP向IMP转化状态和IMP减少状态的平衡。

【从蛋白质转化成氨基酸】

经过熟成处理，鱼肉在各种酶的作用下状态发生改变。蛋白质由氨基酸构成，氨基酸按次序排列，像用线穿在一起的珠子，且相互交织。鱼体内含有的蛋白水解酶破坏掉珠子之间的连接，因此鱼肉中产生许多与味道有关的氨基酸和肽。肽具有抑制酸味的作用，它能有效抑制熟成过程中酸味的产生，赋予鱼肉醇厚的口感，是使鱼肉变得美味的成分之一。此外有助于保持肌肉硬度的胶原等蛋白质在酶的作用下部分分解，进而导致鱼肉变柔软。

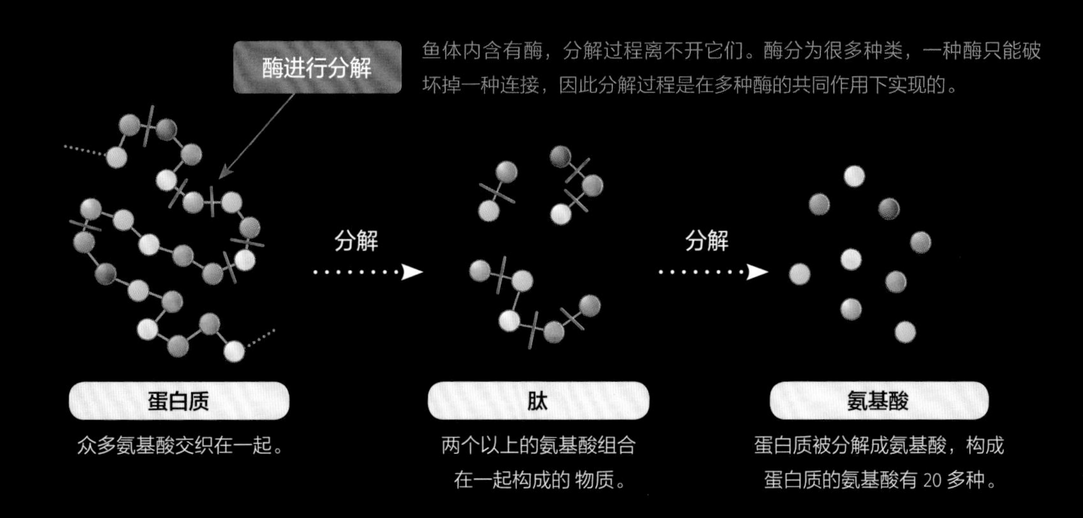

光物

"光物"是寿司店里的专用称呼，
指蓝色、银色、金色等诸多品种的鱼，
如字面意思所示，表面泛光的鱼称为"光物"。
用醋或盐腌制后拿来做寿司。
经处理后的鱼肉从口感、香气、味道，
各方面都优于处理前的状态，
而这个用心处理的过程正是江户前寿司的精华所在。

谈到寿司店里的光物，一般指小肌、竹荚鱼、鲭鱼、卷口鱼（又叫嘉鱼）、水针鱼等。这种光亮的本质其实是一种叫鸟嘌呤的物质，它以小晶体板的形式存在于附着在鳞片上的色素细胞中。鸟嘌呤不是色素，但它能很好地反射光线，所以光物看起来才是闪闪发光的。

在握寿司诞生的江户时代，人们把从东京湾捕来的鱼用醋、盐或昆布腌制一番。如今的光物寿司多是去皮的，但在江户时代是直接带皮吃的。因为寿司种的鱼皮泛着亮光，故而称为光物。

使用盐和醋时些微的不同就会导致口感和味道的明显不同，因此有种说法称"只要尝一下他家的光物，就能知道那家店的实力和水平"。制作光物寿司非常考验厨师的手艺。

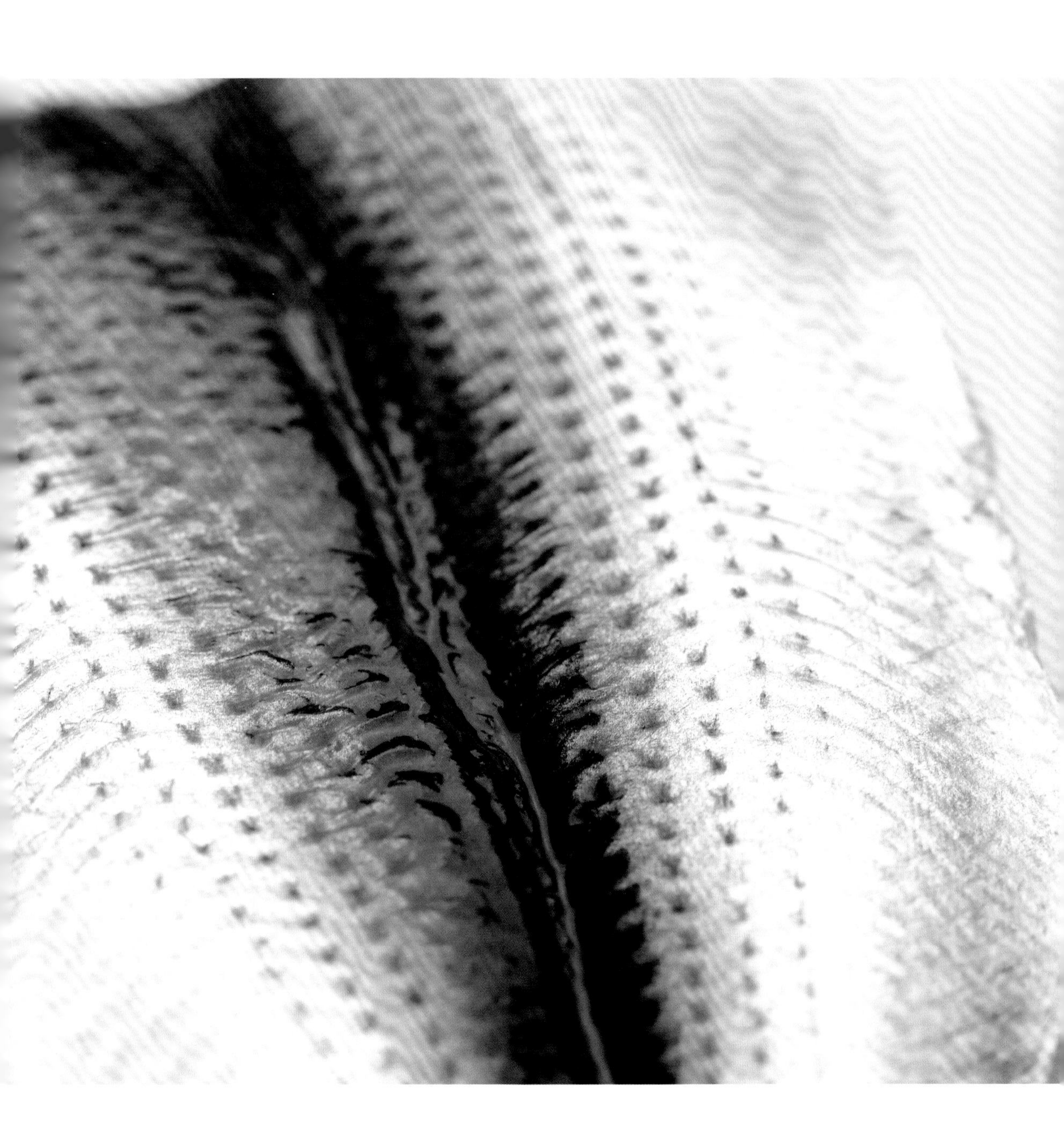

小肌的准备工作

用醋腌制后的小肌更有光泽。小肌具有浓郁的味道和香气，细刺多，身体薄，经过精心调制，与醋混合，散发出清新的味道，肉质更有嚼劲。泛着光的皮肤上分布着黑色斑点，非常漂亮。小肌是一种要颜值有颜值要味道有味道的寿司种。

我们挑选一条外观漂亮、身形饱满的小肌，进行准备工作。先从刮鱼鳞开始，用刀的刃头部位仔细地把鱼鳞刮干净。

【准备】

1 刮鱼鳞之前，先把鱼浸泡在盐水里，让盐水进入鳞片与鳞片之间，这样鱼鳞更容易刮下来。

2 让鱼肚朝向自己，用中指和食指按住鱼身，用出刃刀的刀尖将鱼背上的鳍切掉。

3 刀身抬起，贴着小肌的表面，逆着鱼鳞的方向从鱼尾到鱼头轻轻刮掉鱼鳞。

4 鱼头附近有黑色斑点，在此处下刀，让刀刃与鱼身呈 90 度直角，直接把鱼头和鱼尾剁掉。

5 调换方向，让鱼尾朝向另一面，将装有内脏的鱼肚部分切下。

6 用大拇指将内脏按出，用水清洗。

鰶鱼

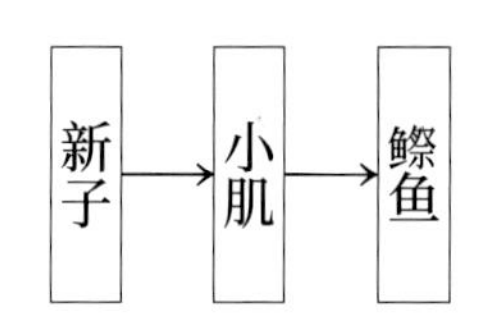

鰶鱼在不同的成长阶段有不同的名字，成年阶段叫鰶鱼，身长 25~30 厘米。在日本的关东地区，人们把 7~10 厘米长这种鱼叫小肌，把更小的叫新子。小小的新子价格最为昂贵。

1 按照鱼头朝右、鱼尾朝左的方向放好鱼，一手轻轻按住鱼身，一手下刀。让出刃刀平行于案板，沿着中骨切。

2 刀刃紧贴着中骨将鱼切开，注意上下两面要切得一样厚，而且注意中骨上不要留下鱼肉。

3 用手指按住背骨，将鱼身翻开。

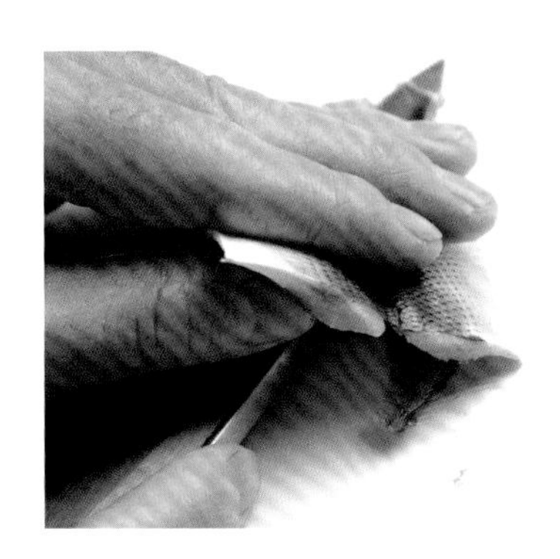

4 让鱼皮朝上，把刀刃插进鱼刺和鱼肉之间，将鱼刺切掉。期间注意鱼刺上不要留下鱼肉，只将鱼刺剔除掉。

5 翻面，让鱼皮朝下，鱼肉朝上。让刀倾斜着，剔掉鱼腹部的刺。

6 用刀逆方向剔掉与上一步相同部位的刺（逆刀）。

用盐和醋腌制

腌制小肌时先用盐，然后用醋。从醋中取出后，让它静置几个小时到一天，让味道融入其中。根据小肌的大小、鱼肉的厚薄及脂肪含量，精确调整盐和醋的用量、腌制时间和静置时间。

大的、肉厚的、富含脂肪的鱼需要更长的腌制时间，小的、肉薄的、脂肪少的鱼则相反。厨师需要在切开鱼身的同时快速判断，因此制作小肌寿司非常考验厨师的经验和技艺，这也是它被称为“握寿司里的横纲[㊀]”的原因。

腌前

腌后

【腌制步骤】

1 先在漏勺上撒一层盐，将小肌摆在上面，让鱼皮朝下鱼肉朝上。

2 右手抓盐，左手握住漏勺转圈，让盐均匀地撒在上面。

3 放置一会儿，用流动的水冲洗，然后放在漏勺上沥干。

4 把鱼放进醋里，搅动，让醋充分接触鱼肉。

5 用漏勺捞起，把醋沥干，然后换一个容器，里面重新倒入醋，将鱼放进去腌制 5~10 分钟，鱼皮朝下。

6 把醋沥干，鱼放在容器里保存。

㊀ 横纲是相扑力士的最高级别。相扑力士按成绩共划分为十级，分别叫序之口、序二段、三段、幕下、十两、前头、小结、关胁、大关、横纲，横纲其中的最高级。 ——译者注

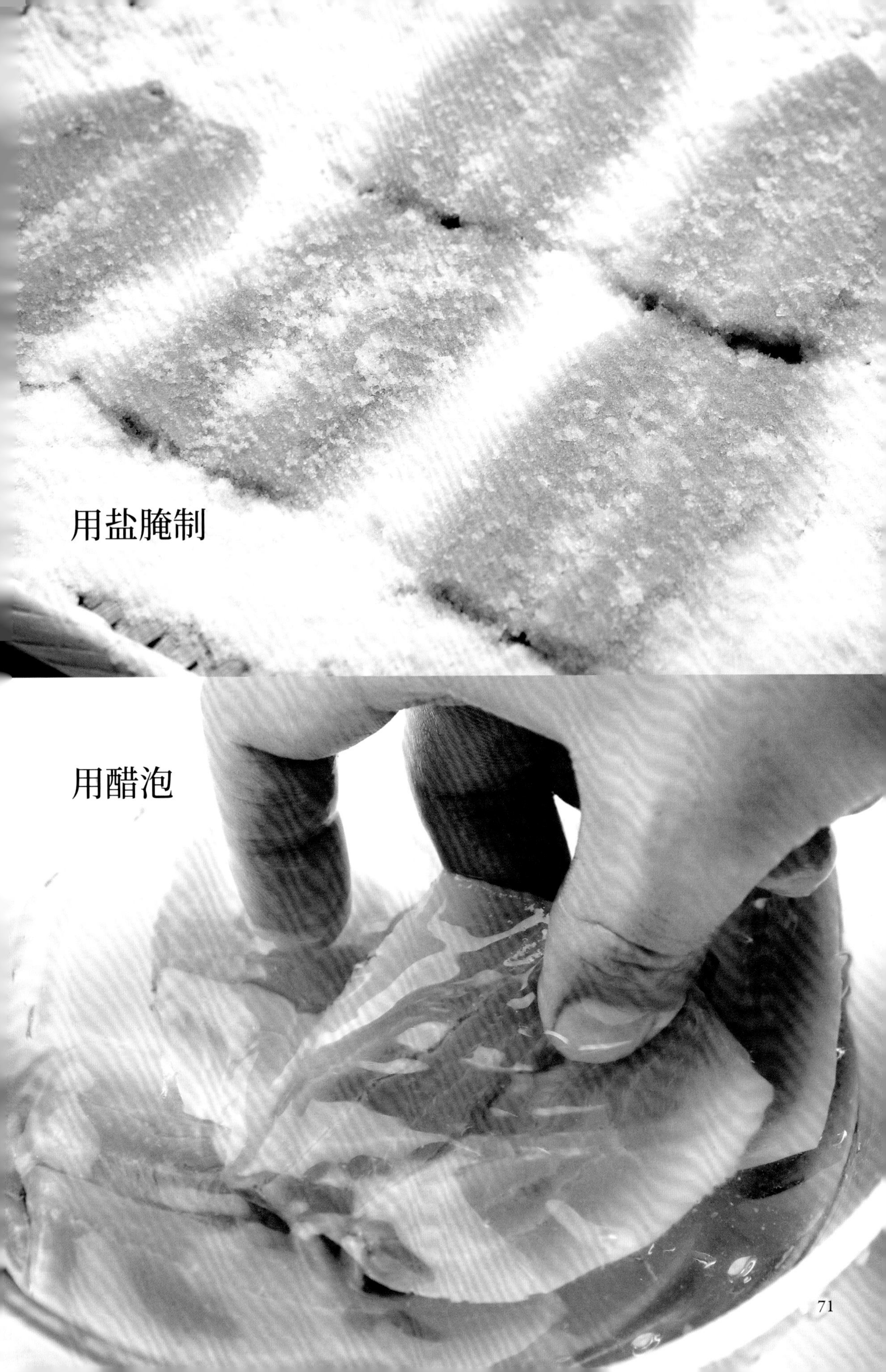
用盐腌制
用醋泡

经盐和醋腌制后，鱼的蛋白质结构发生改变，鱼肉变硬。这种蛋白质结构的改变称为“变性”，盐的脱水作用和由醋导致的酸度变化引发了这种改变。泡醋之前应注意先用盐腌制充分。

新鲜的鱼肉：小肌、鲭鱼、竹荚鱼等

新鲜的鱼，其 pH 是中性略微偏酸的，死后僵硬时体内产生乳酸，pH 逐渐下降，之后鱼肉开始变软，pH 相应上升，恢复到新鲜时的水平。小肌、鲭鱼、竹荚鱼等适合进行腌制，其中竹荚鱼是腌制效果呈现最快的，意思也就是：它是最快丧失鲜度的一种海鲜。鲜度丧失后，鱼的体内会产生一种带有臭味的物质三甲胺，它是腥臭味的主要来源。三甲胺是碱性物质，与酸性的醋结合后生成没有臭味的物质，从而达到用醋抑制变臭的作用。

用盐腌制

在鱼肉上撒盐，一方面是为了赋予它咸味，另一方面则是通过盐促成蛋白质的变性。肌原纤维蛋白约占鱼肉蛋白质的 50%，具有可溶于 2% ~ 6% 浓度盐水溶液的特性。 如果将盐撒在鱼身上并放置一段时间，在盐的脱水作用下，鱼体表面的水分会渗出。 当这种情况发生时，鱼肉表面会被高浓度的盐水浸泡，位于鱼肉表面的蛋白质发生凝胶化改变，表面那层鱼肉变得像果冻一样柔软。但是，若腌制时间过长，盐水浓度会上升，当浓度超过 15% 后，蛋白质的凝胶化反应将停止，但一直在脱水，因此鱼肉将变硬，口感变差。

醋的pH

pH 是表示溶液酸碱度的符号，分为酸性、中性、碱性三种。数值 7 表示中性，高于 7 的为碱性，低于 7 的为酸性。可以使用石蕊试纸测试酸碱度，把试纸放入溶液中，试纸变红为酸性，变蓝为碱性。醋的 pH 约为 3。

酸性 < pH7 < 碱性

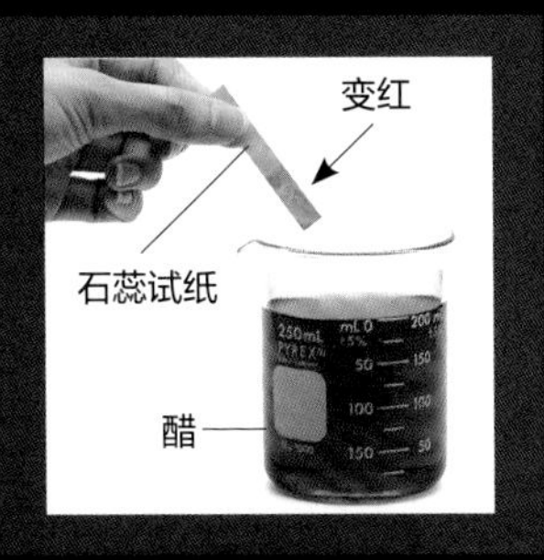

醋洗 · 醋泡

鱼肉称得上“蛋白质团”，遇到醋后，鱼肉的蛋白质发生变性。

肌肉是众多细胞的结合体，部分蛋白质在细胞内部溶于水中。新鲜鱼肉的 pH 是 6 左右，用醋后鱼肉的酸性略微增强，达到 5 左右时，肌纤维之间的空隙将变窄，鱼肉变得紧实。当酸性继续增强，pH 下降到 4 以下，此时肌纤维的蛋白质会被酸溶解，鱼肉变松软。但是如果用醋前已经用盐腌制过，肌纤维就不会溶解，鱼肉依然是紧实的。泡过醋的鱼肉看起来发白正是因为这个原因。

【为什么泡醋前先用盐腌制】

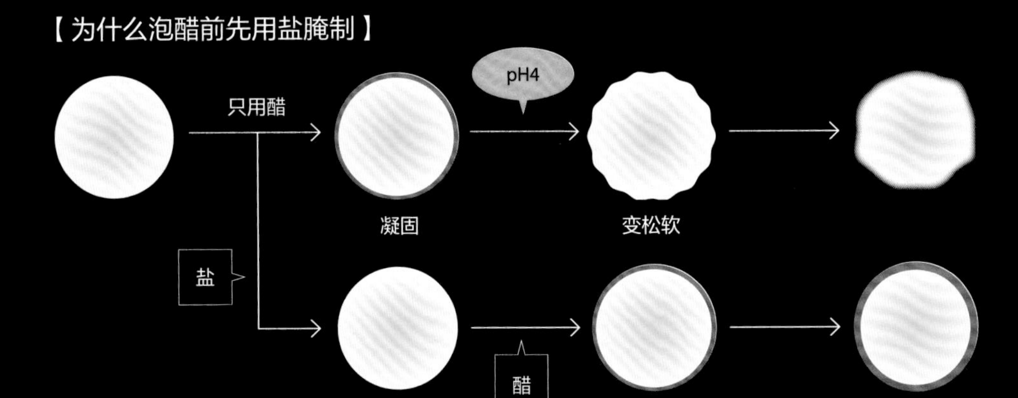

青鱼

鲭鱼、竹荚鱼、秋刀鱼、沙丁鱼等身体呈青色的鱼统称为青鱼。青鱼的活动量大，肌肉呈红色，血合多，属于红肉鱼。它富含可溶性固形物，每种鱼都有其独特的味道和香气。特别是盛渔期的青鱼寿司非常受欢迎，秋天的鲭鱼和秋刀鱼、夏天的竹荚鱼都是人们每年热切期盼的美味。青鱼容易腐败变质，不好保鲜，所以一般都是用醋腌制后使用，但是随着交通物流的快速发展，人们可以吃到非常新鲜的青鱼了。

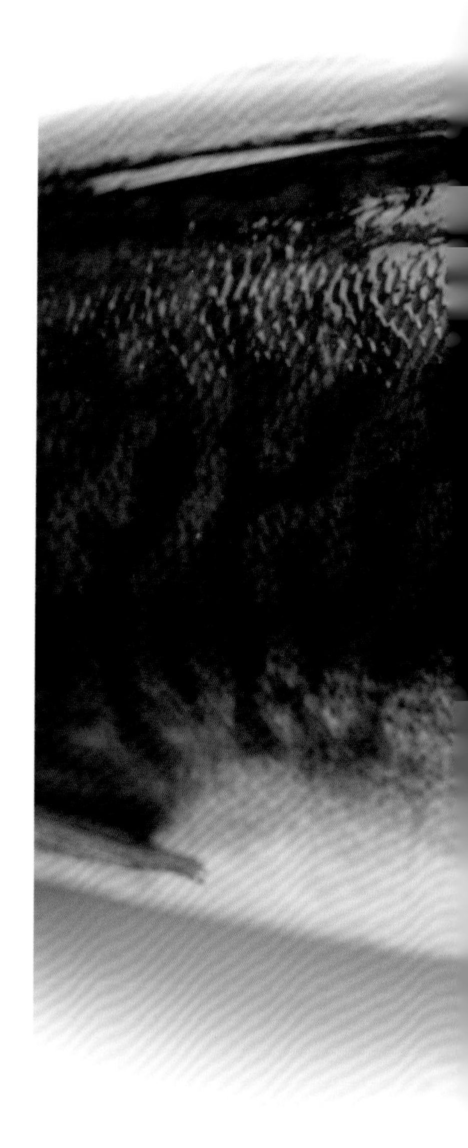

鲭鱼

鲭鱼分为胡麻鲭和真鲭，下图是真鲭，一般所说的鲭鱼也指真鲭。鲭鱼的一大特点是身上长有小对号一样的斑纹。鲭鱼多用盐和醋腌制后食用，恰到好处的腌制过程赋予鲭鱼绝妙的口感和独特浓郁的味道，中间的鱼肉入口即化。有些人吃鲭鱼后出现荨麻疹，这是因为鲭鱼死后肌肉中含有的大量组胺而诱发的。

三片式分解法

将鱼身分解为上肉、中骨、下肉 3 部分，上肉和下肉用来做寿司种。分解前先将鱼鳞刮净、内脏掏出、头尾切除。

1 分解上肉。把鱼放好，让鱼腹朝自己鱼尾朝左，左手轻轻抬起上肉一侧，沿中骨下刀，切向尾部。

2 调换鱼的方向，让鱼尾朝右，鱼背面向自己。从尾部开始下刀，沿中骨一直切到头部。

3 行刀至头部后抽刀换方向，让刀刃朝着鱼尾方向切去，一直切到底，将上肉切下。另一侧进行同样的操作。

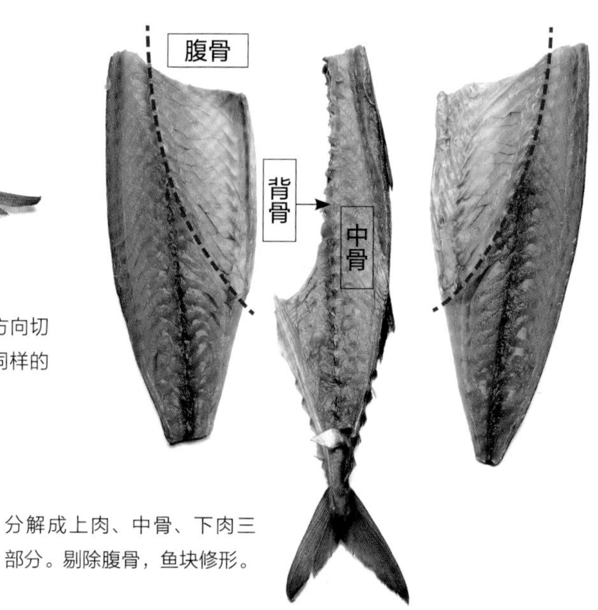

分解成上肉、中骨、下肉三部分。剔除腹骨，鱼块修形。

沙丁鱼容易腐败变质的原因

在始于江户时代的漫长寿司历史中，沙丁鱼是比较新的寿司种成员。原因是沙丁鱼容易变质，加之当年交通不便，沙丁鱼无法保鲜，不能食用。

沙丁鱼之所以容易变质，主要因为以下几方面原因。

首先，沙丁鱼不是一条一条捕捞的，而是用渔网大批量捕捞。捕到后不能像鲣鱼、金枪鱼那样马上进行活缔处理，也不能及时放血。如此一来，沙丁鱼会一直挣扎到死，消耗体内的 ATP。鱼死后分解作用很快发生，产生臭味物质。

其次，沙丁鱼的身体很软，容易损伤，且脂肪含量高。附着在鱼体表面的细菌通过伤口进入体内，在细菌酶的作用下产生臭味物质三甲胺。此外，脂肪中所含脂肪酸在氧化分解过程中产生特有的臭味。处理完沙丁鱼后应马上把鱼肉泡进冰水里，及时掏掉内脏。沙丁鱼很软，因此处理时应注意避免把鱼肉弄碎。

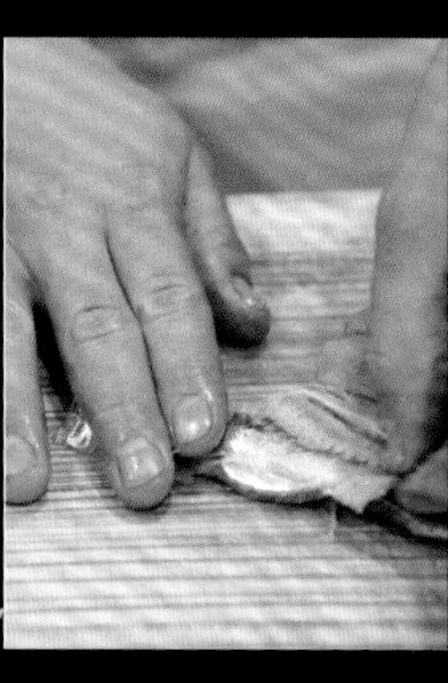

【鱼腥臭味的真面目】

无臭

三甲胺氧化物

细菌、酶

臭味物质

三甲胺

* 碱性
* 与酸性物质发生反应，变成不臭的物质 = 除臭

臭味成分三甲胺（TMA）的源头是不臭的三甲胺氧化物（TMAO），TMAO 通过鱼鳃进入鱼的体内，鱼死后，附着在身体表面的细菌和体内的酶促使其转化为 TMA，于是就产生了所谓的“鱼腥味”。淡水鱼体内不含

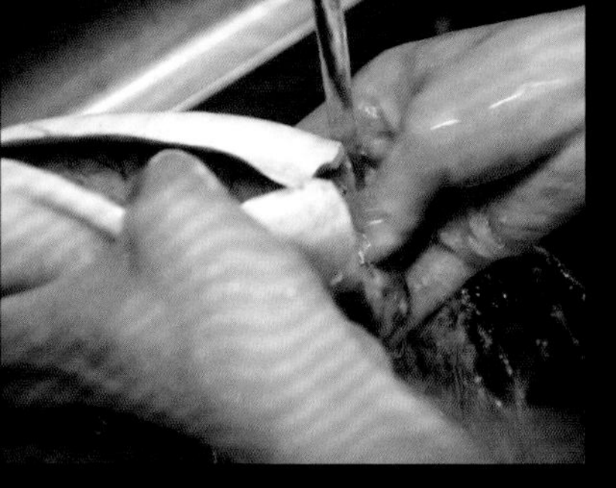

选用清水洗鱼。这不仅因为清水能冲掉鱼身上的血渍，便于下一步进行初步处理，更因为清水能将鱼体表面黏膜中的三甲胺洗掉，抑制鱼肉变味。此外，鱼贝类食物中毒多是由“肠炎弧菌”的细菌引发的，这种菌喜欢盐水环境，在清水中很难存活，因此洗鱼时应选用清水而不是盐水。

醋的杀菌作用

很早以前，人们就发现了醋能杀菌。醋里含有醋酸，是酸性的（pH 为 3 左右）。引发食物中毒的菌类都不能在酸性环境中生存，因此酸性物质能杀灭细菌或抑制细菌繁殖。

稀释到 2.5% 的醋对部分细菌有杀灭作用，配合食盐，杀菌能力进一步增强。也就是说，混合了醋和盐的寿司醋具有不错的杀菌功效。此外，霉类喜欢 pH 为 5 左右的酸性环境，混合使用醋和盐还能有效抑制霉菌繁殖。

【鱼腥臭味的真面目】

细菌名	杀菌所需时间 / 分钟——30℃的环境中——			
	醋	醋的混合物		
		甜醋（醋 + 糖）	二杯醋（醋 + 盐）	三杯醋（醋 + 糖 + 盐）
大肠杆菌	30	30	10	10
柠檬酸杆菌	10	30	5	10
沙门氏菌	10	10	5	10
摩氏摩根菌	10	30	5	10
金黄色葡萄球菌	10	30	10	10
副溶血性弧菌	<0.25	<0.25	<0.25	<0.25

圆谷悦造等人依据日本食品工业协会杂志， 28.7 （1981） 关于混合醋的杀菌作用的相关数据制作此表

上表列出了纯醋（酸度 2.5%）、甜醋（醋里加酸度 10% 的糖）、二杯醋（醋里加酸度为 3.5% 的盐）、三杯醋（醋里加盐和糖）对食物中细菌的杀菌作用。表中数字表示生效所需时间，时间越短，代表杀菌能力越强。比起纯醋，在醋中加入糖后杀菌能力减弱；醋里加盐后杀菌能力最强，而同时添加糖和盐的三杯醋的杀菌能力居中。由此可知，盐醋混合而成的寿司醋具有很好的杀菌作用。

正在发酵的鲋寿司。原料选用源五郎鲋或似五郎鲋。

图片出处：滋贺 “鲋寿司 鱼治”

鲋寿司的乳酸发酵

人们一般认为寿司的原型是熟寿司，顾名思义，熟寿司的“熟”指使其成熟（熟成），鲋寿司里的米饭只是辅助材料，人们只吃鱼肉，并不吃米饭。

熟成期间，鱼的肌肉蛋白分解，转化成各种鲜味物质。同时乳酸菌大量繁殖，生成有机酸和酒精。有机酸降低 pH，从而达到抑制微生物繁殖，长期保存的目的。

在前面用盐腌制的阶段，把盐水浓度调到 15%，这样能有效防止肉毒杆菌所引发的食物中毒。肉毒杆菌在盐水浓度超过 5% 的环境中不能繁殖。

副溶血弧菌是一种能引发胃肠炎的病原菌。导致食物中毒的基本是鱼贝类及其制品，也存在因接触被污染的水和器具而感染的情况。副溶血弧菌具有嗜盐性，与海水相同的 3% 浓度的盐水最适宜其繁殖，在营养、温度等条件适宜的情况下，该病原菌可在八九分钟内完成分裂和繁殖。当温度低于 10℃时，副溶血弧菌不能生长。这种病菌不耐热，煮沸能即刻被杀死。

（参考：日本国立传染病研究所 HP）

肉毒杆菌是一种能引发食物中毒的细菌，喜欢缺氧环境，在 pH 低于 4.6 的环境中无法生存。米饭经乳酸发酵，pH 为 4~4.5，因此肉毒杆菌无法在里面滋生。

用糖腌制

用盐腌鱼的原理是巧妙利用了身体细胞膜所具有的半透性。所谓半透性是指只允许水通过但不允许盐通过的特性。当鱼身上撒盐时，靠近表面的细胞外部盐浓度增加，细胞内的水通过半透膜渗出细胞，这就是脱水。此时，溶解在水中的鱼腥味物质也随着水分渗出细胞，因此腌制环节能去除鱼腥味。

不只盐具有此功能，糖同样可以。用盐腌的鱼或太咸或肉硬，效果不佳。因此，有人在腌制鲭鱼时也会使用糖。具体步骤是：用盐之前先用糖腌制，然后放盐，最后放醋。

小知识

只有水分子能通过的半透膜

半透膜将细胞内部和外部分隔开，上面有小洞，只允许水分子通过。糖、鲜味物质等大颗粒分子无法通过。当半透膜两侧的溶液浓度不同时，低浓度一侧的水分子将往高浓度一侧渗透，以平衡两侧的浓度。

【脱水示意图】

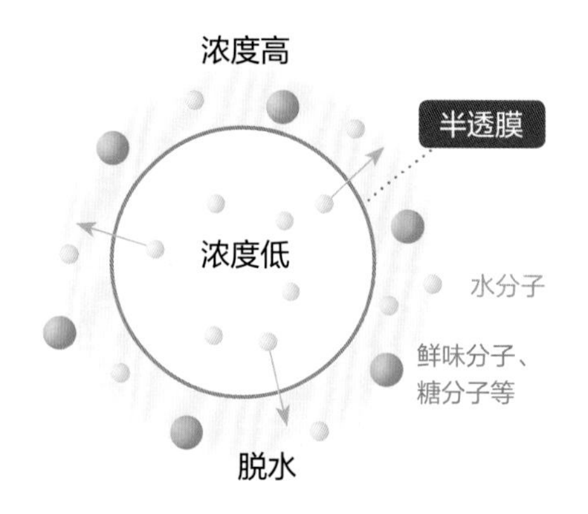

在寿司诞生的江户时代，东京湾盛产种类丰富的贝类，
因此当时就出现了贝类寿司。但是当年并不生吃，
贝类寿司种都是被加工处理过的，或水煮或醋腌。
如今生吃贝类的情况也很常见，大多数贝类的盛渔期在寒冷的冬季，
冬春两季总能看到各式贝类寿司的身影。

用来做寿司的贝类包括本海松贝、赤贝、紫鸟贝、鲍鱼、虾夷扇贝、蛤蜊、带子、大黄蚬、珧柱等，其中鲍鱼、蛤蜊被称为“煮物”，有些贝类的肉质太硬，想要用其做出美味的寿司需要进行加工处理使其变柔软，期间度的把握非常关键。

生贝的魅力在于筋道的口感、柔和的海洋气息、浓郁的鲜味，以及贝类所特有的甘甜。其口感源自丰富的胶原，味道由甘氨酸、谷氨酸等氨基酸和琥珀酸等有机酸以及糖原决定。这些物质的增减极大地影响食材的鲜度。不管是带壳的还是纯贝肉，都需要注意保鲜。

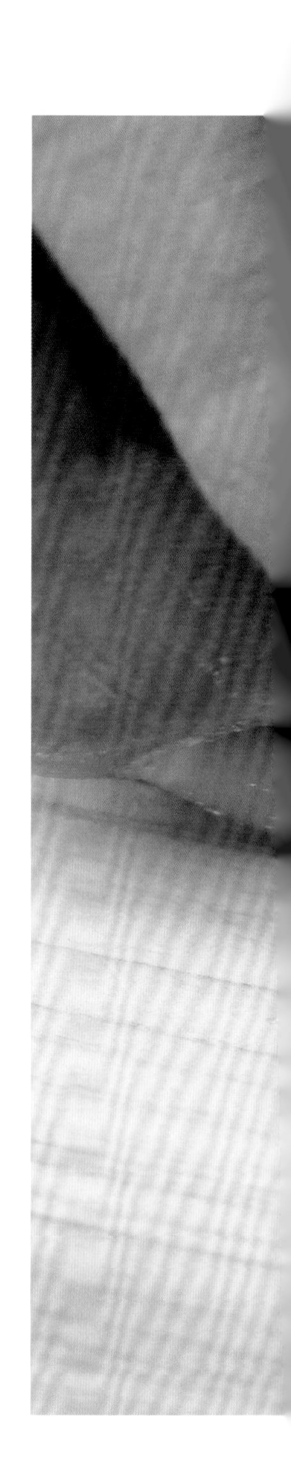

小知识

影响口感的胶原含量

鱼贝的硬度与其肌肉中胶原的含量有关，胶原含量高肉质就硬，胶原含量低肉质就柔软。下表数值是胶原含量与脂肪含量的比值，数值在 3% 以内的适合生吃。胶原含量高的海鲜煮过后有一种独特的柔软口感。

鱼贝肌肉中的胶原含量（与肌肉蛋白质的百分比）

沙丁鱼	2%	鱿鱼	2%~3%
红鲷鱼	3%	章鱼	6%
鲣鱼	2%	鲍鱼	5%~40% （不同部位的含量不同）

处理本海松贝

什么是本海松贝

本海松贝的日文名叫海松贝，这是人们约定俗成的日常叫法，它的学名其实叫“海松食”。本海松贝因其浓郁的海洋气息、出色的鲜度，以及厚实筋道的肉质而备受欢迎。人们拿来做寿司的是贝身上名为“水管”的部位，水管又细又长，不时会探出壳外。露出壳的水管是黑色的，因为上面附着着名为海松的海藻，看上去像贝在吃海松，因此得名“海松食”[㊀]。每年秋季至春季是本海松贝的盛渔期，近年来本海松贝的捕获量很少，因此成了稀缺的高级寿司食材，有人用水管大的白海松贝代替本海松贝。但是白海松贝也在不断减少。

开壳

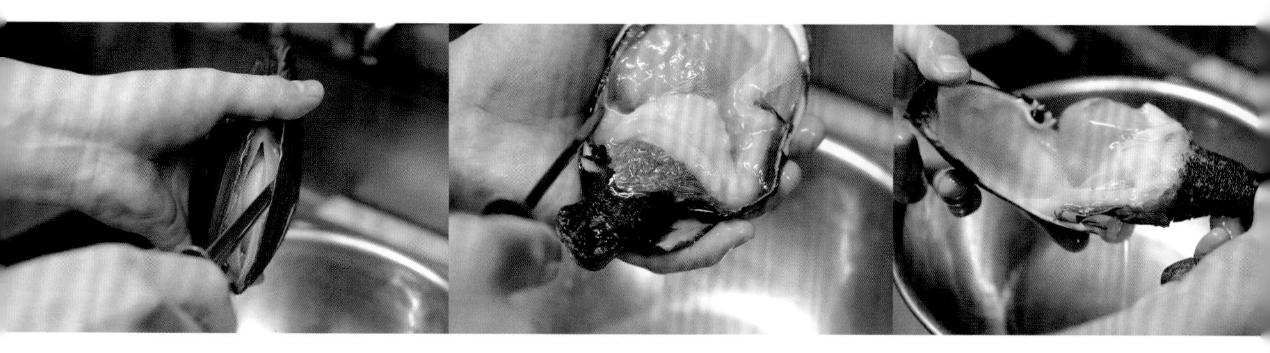

1 剥离棒或刀从闭合的贝壳缝隙处伸进去，剜断贝柱，一面的壳会马上脱落。

2 切掉另一侧壳上的贝柱，剥离棒旋转一周。

3 拽住水管，将贝身扯下来，用水洗净。

㊀ 日语中“食”有动词“吃”的意思。 ——译者注

加工处理

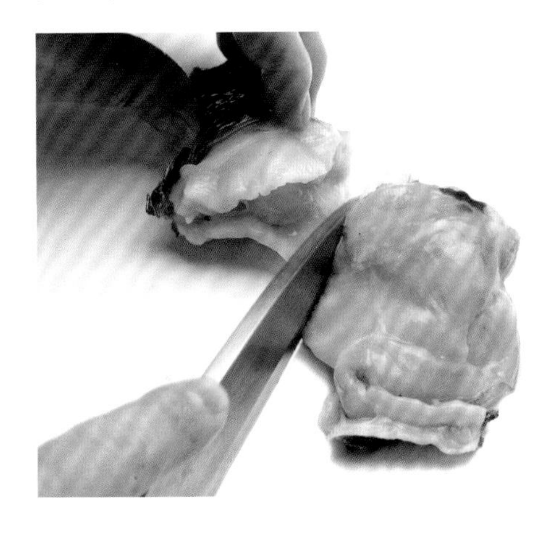

1 本海松贝分为海松（水管）和海松舌两部分，从图片中的位置下刀，将水管与海松舌切开，海松舌不用作寿司种。

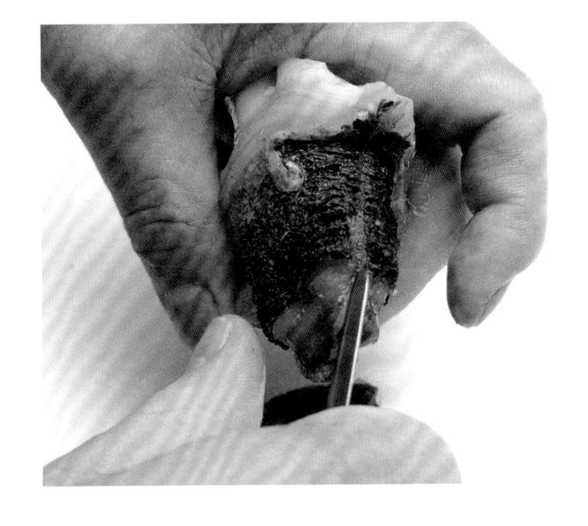

2 水管上面黑黑的东西是海藻，用刀将其剥下。从水管最顶端硬硬的像喙一样的地方下刀。

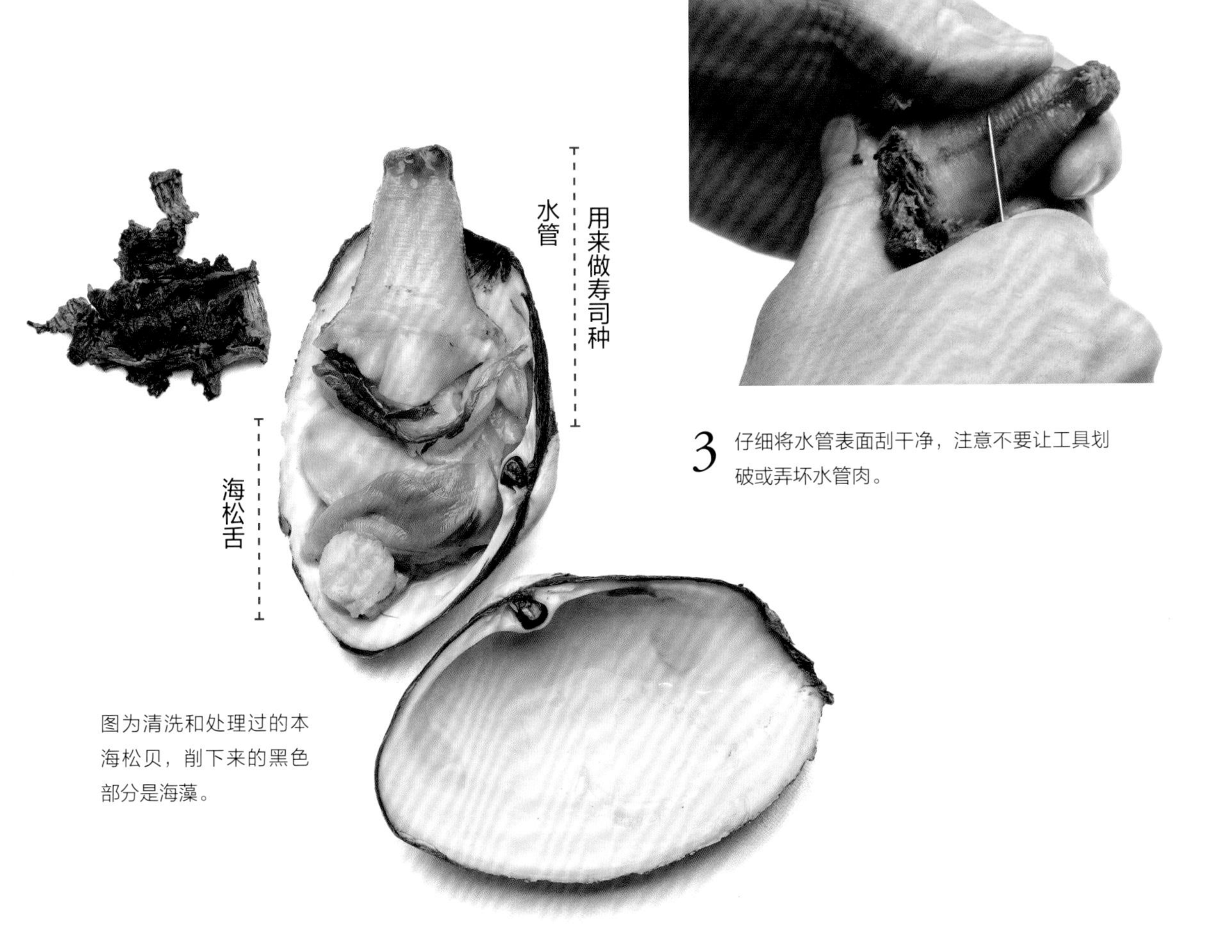

图为清洗和处理过的本海松贝，削下来的黑色部分是海藻。

3 仔细将水管表面刮干净，注意不要让工具划破或弄坏水管肉。

切开

1 刀斜平着从水管的侧面切入，不切到底，留一部分连着不切断。

2 用刀把切开的水管打开、压平，去掉上面的膜，把顶端切掉。里面会有沙子，需要冲洗干净。

图为处理完毕的水管寿司种，从薄而尖的带颜色的地方下刀进行切割。

贝的肌肉

鱼的肌肉分为横纹肌和平滑肌，贝类、鱿鱼、章鱼还有第三种肌肉，名为斜纹肌。贝类经常在海中紧闭贝壳，因此贝肉有一种独特的口感。

贝类、鱿鱼、章鱼

横纹肌（骨骼肌）

平滑肌

斜纹肌

鱿鱼、章鱼的躯干

* 关于鱿鱼和章鱼的介绍请参考本书 102 页。

贝柱

蛤蜊、赤贝等贝柱的肌肉称为闭壳肌，主要由平滑肌和横纹肌（骨骼肌）构成。横纹肌负责迅速闭合贝壳，平滑肌负责保持贝壳的持续闭合状态，换句话说，平滑肌多，则闭合能力强，贝壳不容易被打开。

贝类活着时，很难打开它的贝壳。因此，人们只能使用工具撬开鲜贝。加热贝类后，其平滑肌的结构发生改变，平滑肌从贝壳上掉落，贝壳自己就开了。

鱼贝的血液颜色

不仅是鱼，有脊椎的生物也靠铁在体内运输氧气。血红蛋白是一种血液色素，其中含有与氧结合在一起的铁。血红蛋白呈红色，因此血液是红色的。没有脊椎的贝类、虾、鱿鱼等软体动物则是靠铜运输氧气的，与血红蛋白相对，其体内的血液色素称为血蓝蛋白，血蓝蛋白中含有与氧气结合在一起的铜。血蓝蛋白呈暗蓝色、暗绿色，因此软体动物的血液是暗蓝色、暗绿色的。但是赤贝是个例外，它跟脊椎动物一样，也是靠铁运输氧气的，因此赤贝的血液呈鲜红色。

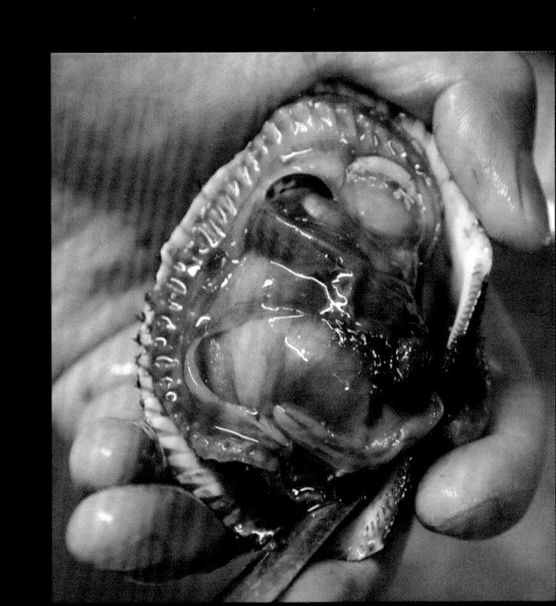

处理赤贝

挑选赤贝时选择那些摸起来手感滞涩的，带壳重量在 100~120 克的赤贝是最受欢迎的。赤贝的盛渔期是每年 10 月至次年 3 月，春分过后赤贝产卵，不再肥美。在使用剥离棒或刀开壳时应多加小心，不要伤到贝肉，这一点适用于所有贝类。

赤贝

赤贝因其漂亮的朱红色而得名，赤贝肉厚并且柔软，打开新鲜赤贝的瞬间一股水润的海洋气息扑面而来。在贝肉上划几刀，充分击打，然后拿来做寿司。如果赤贝足够新鲜，在上面划口时贝肉会收缩，裂口张开更为食材增添了一份奢华感。周围的裙边可用来做饭团或寿司卷。

开壳

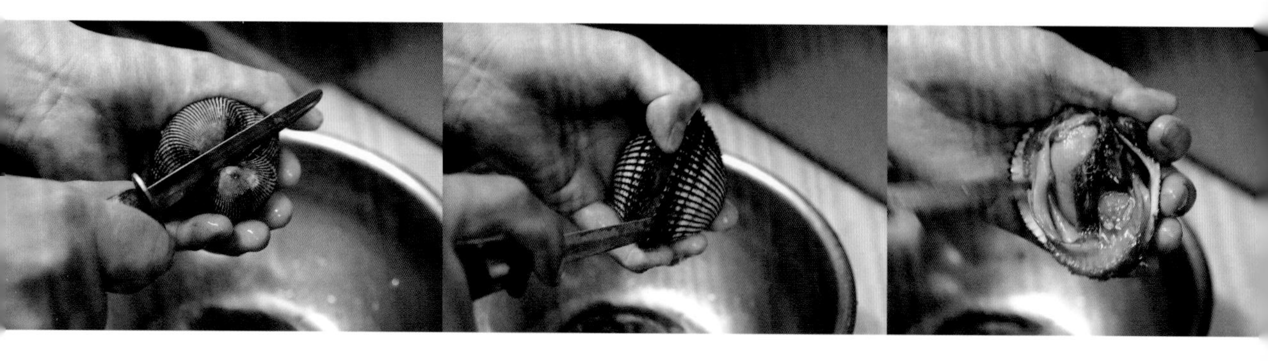

1 贝壳连接处朝上，用刀使劲撬动这里。

2 刀从贝壳开口处伸进去，贴着贝壳旋转，切断贝柱后，一面贝壳脱落。

3 另一面贝壳进行同样的处理，取出贝肉。

加工处理

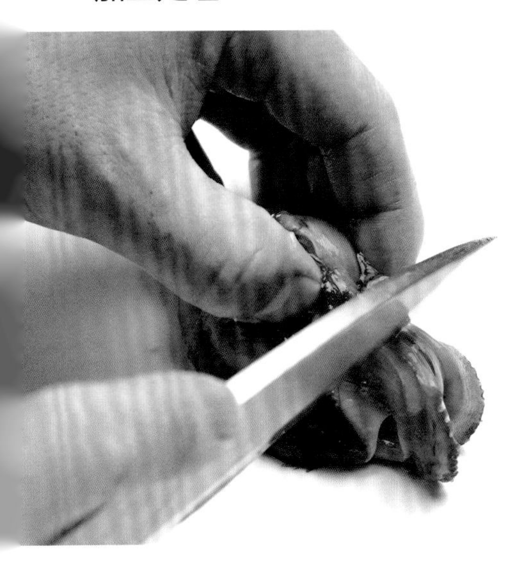

1 切下来的贝肉做进一步处理，用手拿住贝肉凸起的地方，下刀切。

2 刀贴着裙边斜切，将贝肉主体和裙边分开。

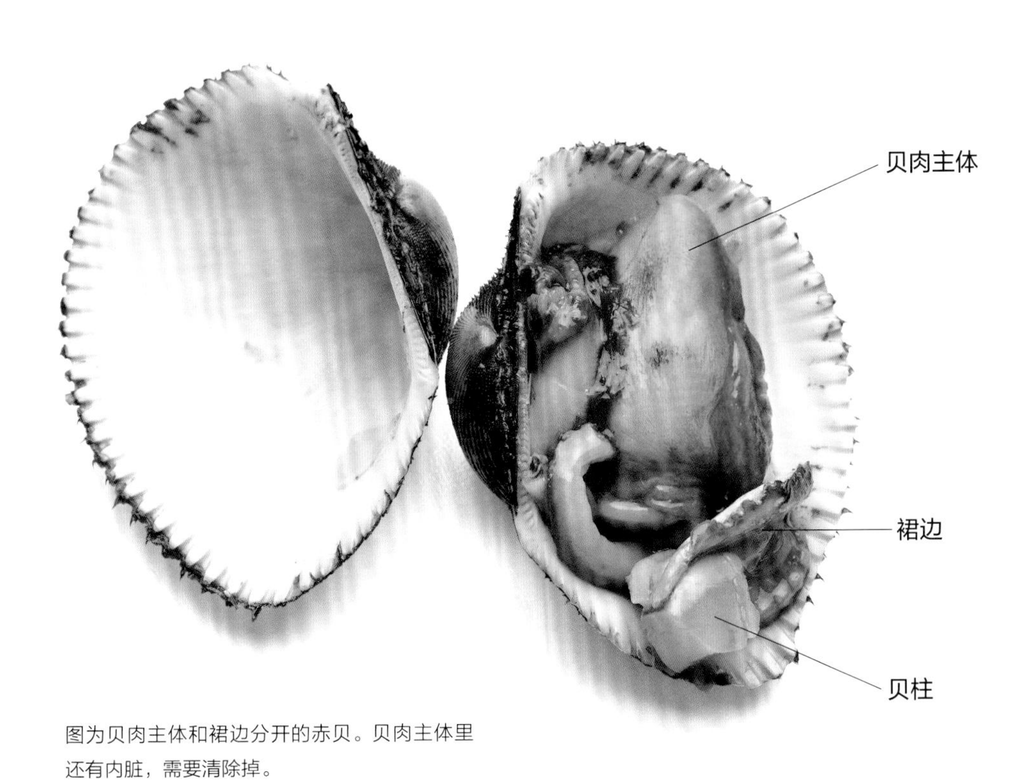

图为贝肉主体和裙边分开的赤贝。贝肉主体里还有内脏，需要清除掉。

切开贝肉

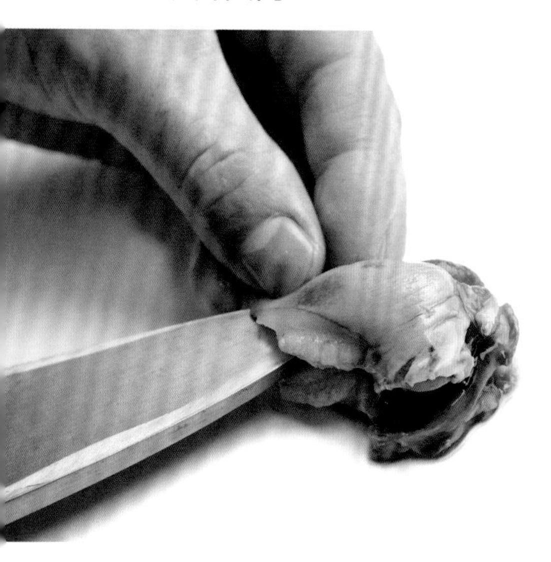

1 刀平行于案板，在贝肉中间的地方横着切开，不要切到底，让上下贝肉稍微连着一点儿。

2 内脏在上半部分，将内脏去除。

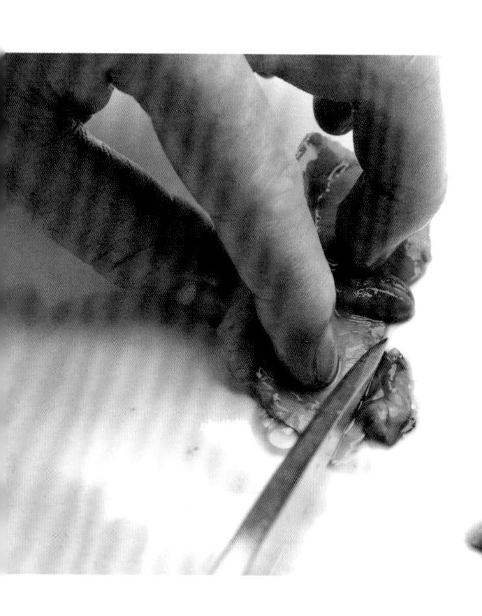

3 修形，将凸凹不平的地方切掉。

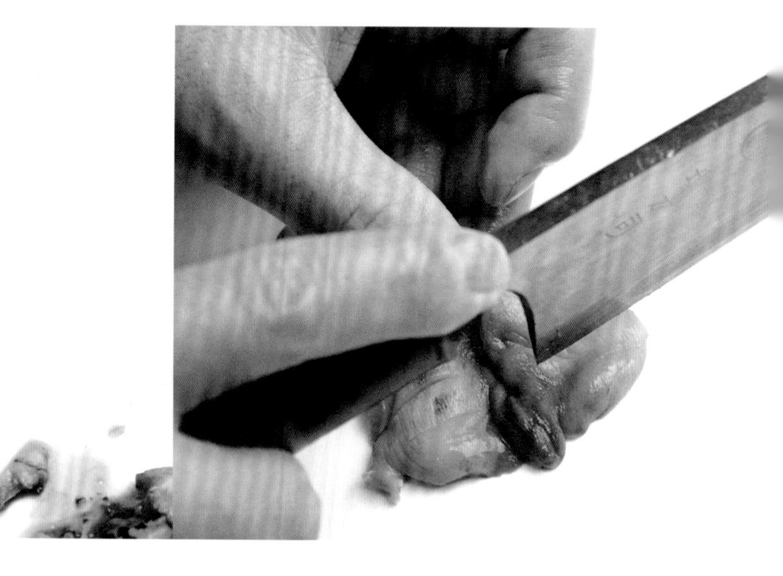

4 清洗，用刀颚处划口。

鮨 たかはし

通常，肌肉持续收缩时需要能量源 ATP，但双壳类动物的闭壳肌（贝柱）保持收缩时（活着的双壳类动物闭着壳时），基本不消耗能量。因此，基本不分解 ATP。与鱼相同，贝柱里的 ATP 也靠酶进行分解，在分解过程中 AMP、IMP（肌苷酸）沉积在肌肉内。较之鱼，贝柱内的分解相对缓慢。贝肉内含有鲜味物质 AMP 和 IMP，以及谷氨酸，这些物质相辅相成，共同成就了双贝类动物的强烈鲜美感。

珧柱的口感

大黄蚬（日本称马鹿贝、青柳贝）的肉身部分（脱掉壳的状态）被称为青柳，其贝柱被称为珧柱。鱼的肌肉基本由横纹肌构成，而贝柱的肌肉——闭壳肌则由横纹肌和平滑肌两种肌肉构成。透明的部分是横纹肌，不透明的、没有纹的部分是平滑肌，这种肌肉组合催生出一种独特的口感。

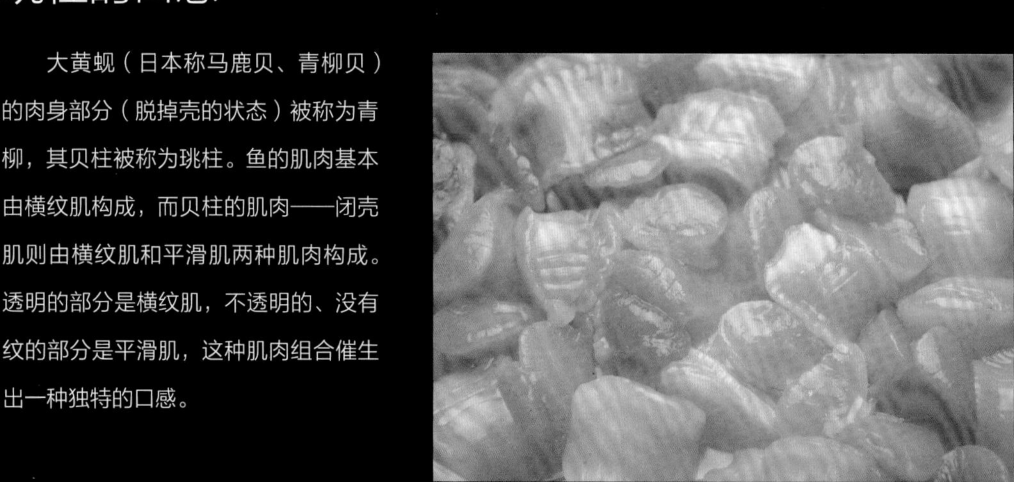

煮鲍鱼
100℃的温度，
煮 15 分钟以上

不管是生吃还是加热后吃，黑鲍鱼都是很美味的寿司种。黑鲍鱼的独特口感与名为胶原的蛋白质有关。黑鲍鱼体内的胶原含量从中心部位向外侧逐渐递增，数值为 5%~40%。配合多样烹饪手法，产生丰富的口感。加热后，胶原发生变化，肉质变得柔软。

加热时间的长短因人而异，取决于厨师的个人喜好，大体分为短时间派（15~30 分钟）和长时间派（3~5 小时）两种。

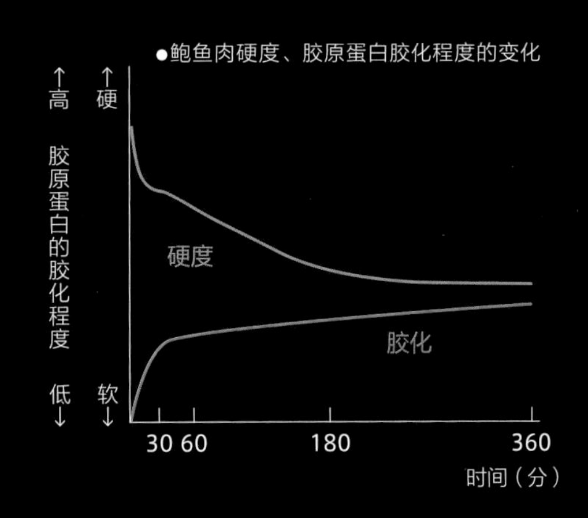

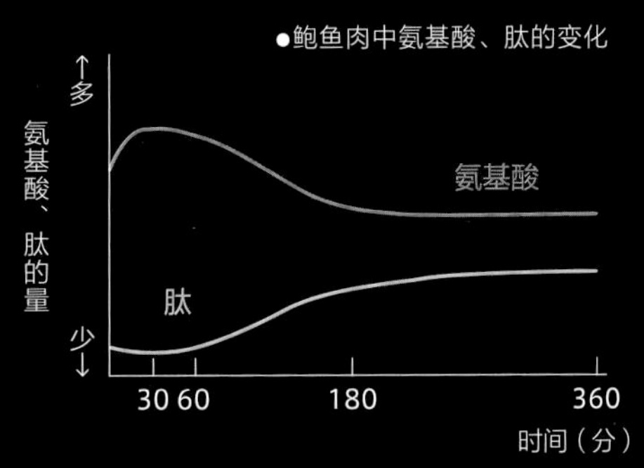

上图显示了沸水加热鲍鱼时，肉质硬度和胶原糊化程度的变化曲线。加热约 30 分钟后鲍鱼肉迅速变软，其原因是胶原不断分解，一直在进行糊化改变。下图显示了加热过程中鲍鱼体内氨基酸和肽含量的变化曲线。在煮 30 分钟左右时，蛋白质分解导致氨基酸含量上升，而肽含量基本没变化。30 分钟后胶原开始发生糊化改变，伴随不断加热，胶原进一步分解，肽含量开始上升，煮的时间越长，鲍鱼中氨基酸的含量下降得越多，因为氨基酸溶进了水里。

【 黑鲍鱼经短时间加热和长时间加热后美味程度的不同 】

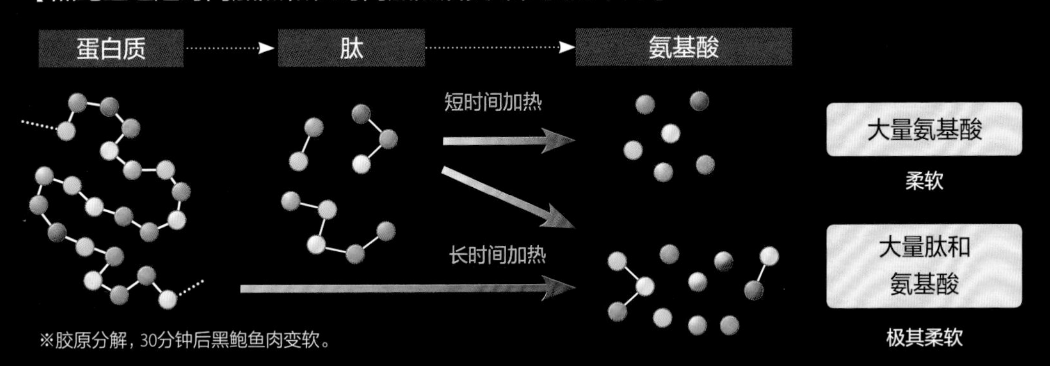

※胶原分解，30分钟后黑鲍鱼肉变软。

清洗瑚柱

清洗贝类使用的不是清水，而是盐水。盐水浓度为3%~4%，与海水的浓度基本一致。这一操作称为“立盐”。

贝类体内的盐度为0.8%左右，而鱼类体内的盐度约为0.2%。用清水洗鱼并不会产生水水的感觉，但是若用清水洗贝类则不一样，贝类表面的盐分会流失，水分会渗透进入。如果用盐水清洗则不会发生此类情况。

立盐并非仅限于清洗贝类，也用于给鱼肉切口上入味，这个方法能让鱼全身的咸味均衡，而且保证鱼肉不脱水变形。

盐

寿司店使用的盐多种多样，其原料、制作方法各不相同。各寿司店按照自身喜好选择用盐，详见本书124页。

高纯度氯化钠的结晶是规整的六面体。
（图片出自：日本公益财团法人盐事业中心）

乌贼

大鳍礁乌贼、墨乌贼、白乌贼、
日本飞乌贼、萤火乌贼等，
一年中各种乌贼寿司轮番登场。
以前，
乌贼都是做熟后吃的，
或炖煮或水焯，
如今人们也吃生乌贼寿司了。

虽说都是乌贼，上市的季节却不尽相同，乌贼是一种能让人体会到四季变换的食材。

从春天到夏天是拥有“乌贼王者”之称的大鳍礁乌贼的季节，这种乌贼在水中游动时宛如水一般通透，因此也称为“水乌贼”。大鳍礁乌贼肉厚且鲜香浓郁，做熟成处理后美味程度进一步提升。

从秋天到冬天是墨乌贼的季节，在此之前的 8 月，幼年墨乌贼会提前上市，名叫新乌贼（子乌贼）。新乌贼丸呈半透明状，拥有一种圆形特有的美感，口感极为软糯。令人遗憾的是，墨乌贼的保鲜时间很短，新乌贼的盛渔期也不长，食客只得苦等下一年。

从营养方面来说，乌贼也是很不错的，含有丰富的牛磺酸，这是一种含硫的非蛋白氨基酸（保健功效参考本书第 100 页）。

分解乌贼

乌贼的皮由四层构成，每层的成分都是胶原。特别是离身体最近的最内侧那层（第四层），胶原纤维牢牢地扎根于乌贼身体之上。如果乌贼的皮不好去掉，可以用热水焯一两秒，这样胶原遇热收缩，皮就好剥掉了。当然一般寿司店并不这样做。

乌贼的魅力在于厚实的肉质、爆浆的口感，以及浓郁的甜味。将乌贼软骨剔除干净，注意不要划破肉，然后及时分解。去除墨袋时应小心仔细，注意别把它弄破。

墨乌贼

谈到寿司店里的乌贼首先就是墨乌贼，人们也吃幼年乌贼，幼年乌贼的叫法众多，如“新乌贼”“小乌贼”等。墨乌贼有壳，所以也叫“壳乌贼”。在日本，不管是墨乌贼、大鳍礁乌贼还是枪乌贼，都统称为“鱿鱼”。而在我国，乌贼和鱿鱼不是一种食材。

小知识

乌贼的甜味源自氨基酸

不同种类的乌贼味道也不相同，但是乌贼有一种独特的甜味，这是因为其体内含有丰富的甘氨酸、丙氨酸等具有甜味和鲜味的氨基酸。鱼体内的鲜味物质是肌苷酸，但对于乌贼而言，在分解成肌苷酸之前所产生的 AMP 则与它的鲜味密切相关，由于体内含有大量与 AMP 相关的物质。因此，这也造成了鱼和乌贼的不同甜味。

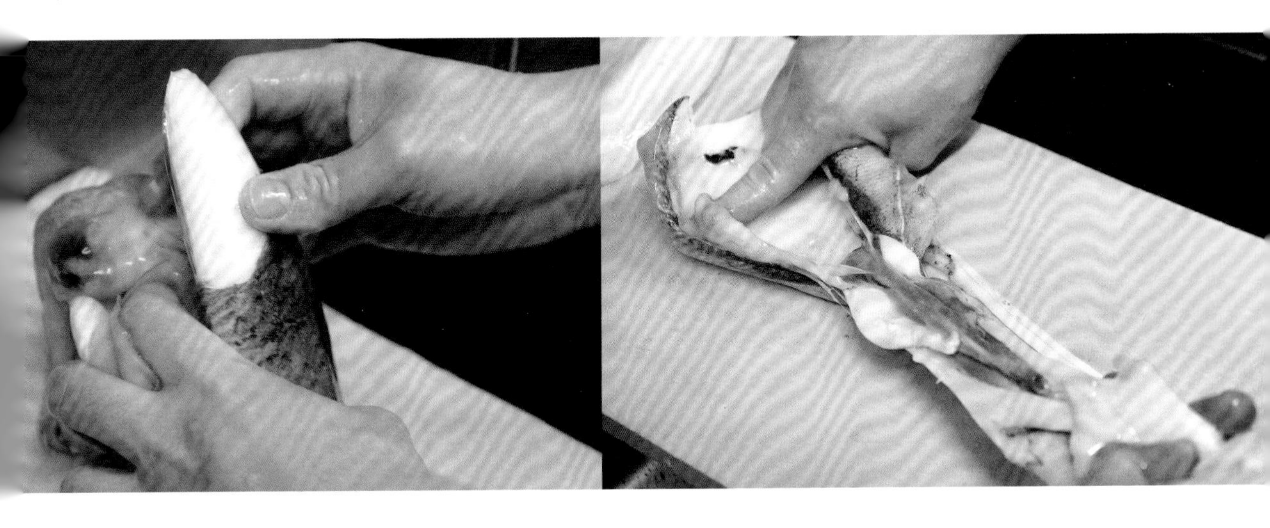

1 在乌贼的中心部位，用刀在头顶到眼的位置上切开，把壳挤出来。

2 将包裹壳的表皮仔细剥离，切掉触角。

3 用手固定住乌贼的前端，剥掉薄皮。将外层的表皮和下面的一层薄皮一起撕掉。摘除墨袋，注意不要将其弄破，清除内脏。

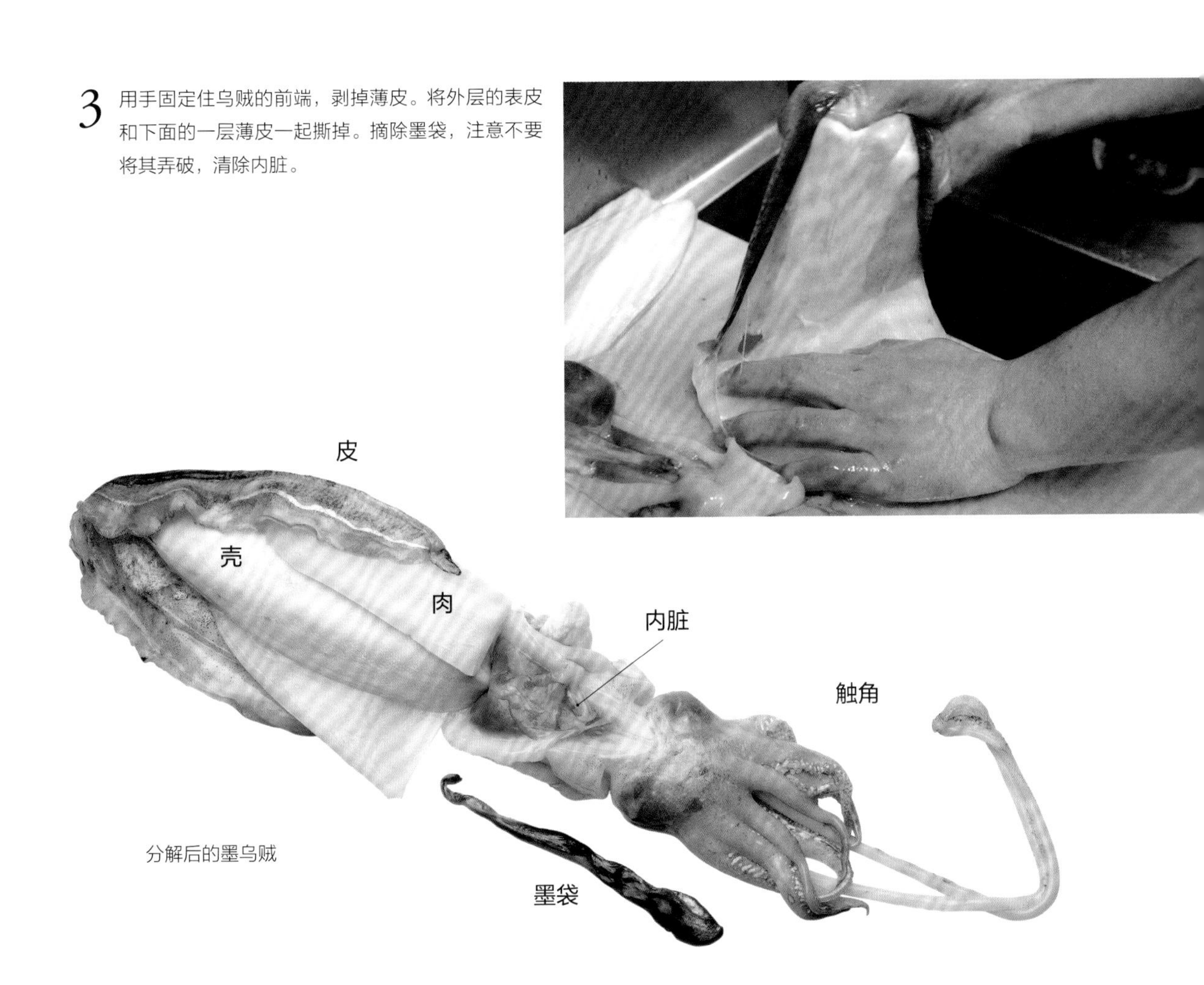

分解后的墨乌贼

章鱼

在日本，可供食用的章鱼种类非常多，
其中常用来做寿司的有真蛸（我国叫中华真蛸）、
水蛸（又叫北太平洋巨章鱼）、
短蛸（又叫短爪章鱼）。
使用不同的烹饪方法、加热方法做出的章鱼，
味道也不相同，各寿司店有自己独到的处理方式。

寿司店里的章鱼一般都是真鞘，新鲜的章鱼呈灰白色，上面有斑点，吸盘有弹力，用手摸能感觉到吸力。鲜度差的则正相反。如果章鱼不新鲜，一煮就能知道，因为新鲜的章鱼煮后皮很容易剥掉。

章鱼体内含有大量名为牛磺酸的氨基酸，牛磺酸具有一定的增强肝脏功能、消炎、预防动脉硬化等多种保健功效。因此日本流传着“做章鱼的没人得肺病”的说法。

如果处理不得当，章鱼会硬得咬不动，因此应该提前充分揉搓、敲击，以破坏章鱼肌肉的纤维组织，然后再开火煮，才能做出柔软的章鱼肉。

煮章鱼

人们一般使用“樱煮”法煮章鱼，这是一种混合了酱油、糖、酒的煮法。也有人用茶叶、酒、水一起煮。

“寿司高桥”的做法是：味淋、酱油、糖、日本酒、水按照 1：1：（2~3）：3：3 的比例倒入平底锅，制成混合煮汁。在章鱼触角上涂盐，然后洗净，等煮汁煮沸后放入锅中。关火，锅上敷两张铝箔纸，直接连锅一起放进蒸器中，开小火蒸 60 分钟。这样处理后，章鱼变软，章鱼既煮熟了又不会打卷。煮好后常温放置，当天用完。

乌贼和章鱼的肌肉

用于寿司的鱼和贝类大致可分为有脊椎的脊椎动物和没有脊椎的无脊椎动物。红鲷鱼、鲈鱼、金枪鱼等鱼类都是脊椎动物，无脊椎动物包括章鱼、乌贼、蛤蜊等软体动物，以及虾、螃蟹等节足动物。脊椎动物的体内有骨头（内骨骼），众多骨头连接在一起，支撑身体。这些骨头与肌肉相连，肌肉牵动骨头活动。

与之相对，无脊椎动物的骨头长在体外（外骨骼），骨骼内侧的肌肉牵动骨头自由活动。

鱿鱼、章鱼等所拥有的不同于鱼类的独特口感正是这种骨骼和肌肉结构导致的。

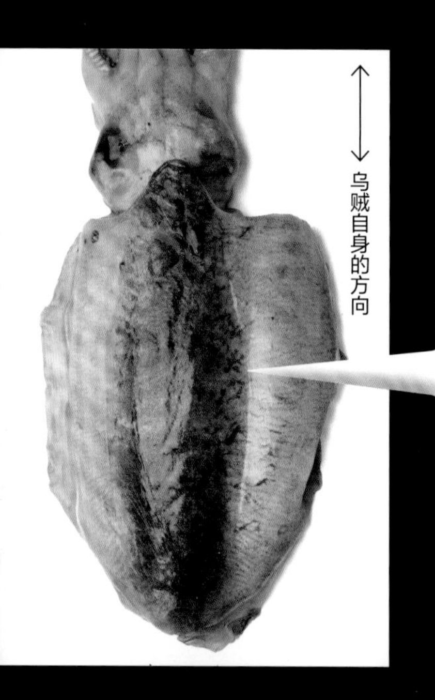

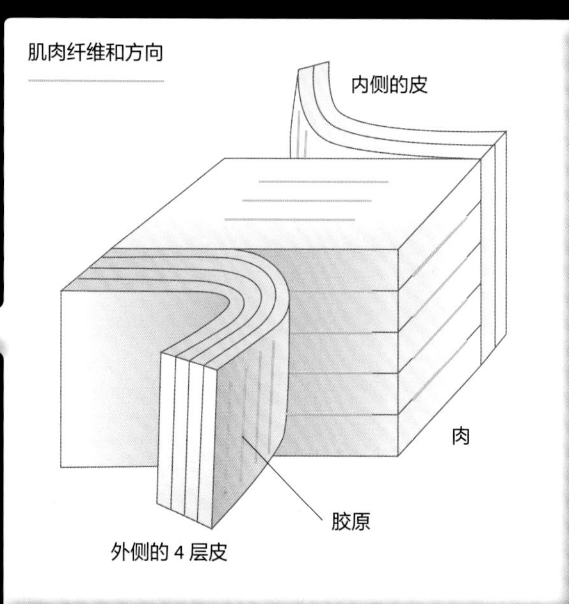

乌贼

- 乌贼的肌肉纤维是横向的，与自身的方向呈 90 度角垂直分布。
- 乌贼最外侧的两层皮很容易揭掉，但是内侧的两层皮与肉牢牢长在一起，很难弄下来。
- 外侧第一层皮和第二层皮之间有色素细胞，将外部的两层皮去掉后再加热的话，乌贼是白色的。
- 乌贼体内 80% 左右是水，加热后由于体内的水分流失，乌贼肉变硬。

怎样煮乌贼

当加热的温度超过 55℃，乌贼最外侧一层皮中的胶原发生收缩。想把肉煮软，可以进行短时间加热，当内部温度达到 66℃左右后立即停止加热；也可以选择长时间加热，要领是用超过 80℃的高温煮 10 分钟以上，乌贼的身体组织被破坏，同时发生糊化改变。

章鱼

- 章鱼体内的肌肉纤维分布方向并不统一，没有一定的规律性，各个方向的肌肉错综复杂地纠缠在一起。
- 有一种做法是在加热之前先将鲜章鱼冷冻，冷冻会破坏章鱼身体细胞和组织的结构。

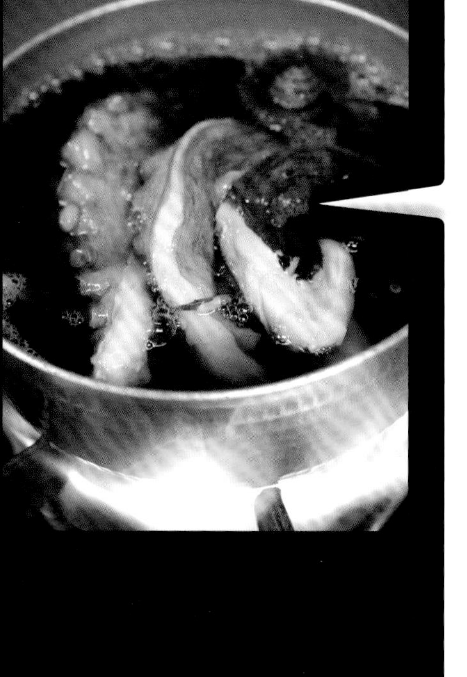

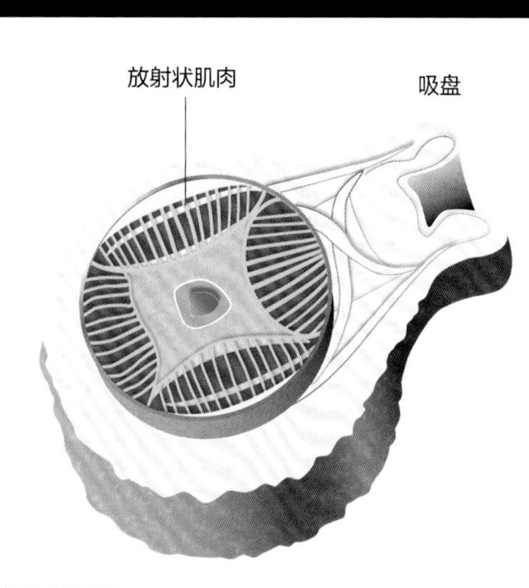

章鱼的颜色

章鱼体内有一种色素，色素中包括红色、黄色、茶色、黑色等多种颜色。色素位于色素细胞中，色素细胞随着肌肉的伸展和收缩而伸展和收缩时颜色也会发生改变。这就是章鱼能根据周围环境的改变而迅速变色的原因。煮过的章鱼变成红色是因为肌肉中的蛋白质遇热变性，色素细胞发生变化。

用盐腌制后，章鱼表面的黏液脱落。这种黏液的主要成分是一种名为粘蛋白的糖蛋白，因为糖蛋白遇盐凝固，所以黏液变得容易脱落。章鱼的肌肉具有跟乌贼一样的属性，加热后胶原严重收缩，肉质变硬。如果在加热之前先用力揉搓，破坏掉肌肉组织，肉就不容易收缩。加热时，短时间加热或长时间加热都能让肉质变软，但注意事项不同。短时间加热时，时间要短，在高温水中焯一会儿就出锅，温度控制在胶原收缩所需温度以下。长时间加热时，煮的时间要够长，足够胶原发生糊化改变。根据软硬情况灵活调整煮法。

虾早在江户时代就成了寿司食材，原本寿司中的虾都是煮过的熟虾，最近直接用生虾肉做的寿司也很受欢迎。虾以其华丽的色泽、甘甜的味道、丰富的香气而备受喜爱。

在日本，虾的种类非常丰富，但是用来做寿司的主要有日本对虾、牡丹虾、甜虾。当然也有白虾寿司、条纹虾寿司等，不过最经典的还得是日本囊对虾寿司。

煮过的日本对虾红白对比分明，色彩很美，此外鲜中带甜的醇厚味道也是它的魅力所在。这种强烈的甜味是因为其所含的氨基酸中含有大量的甘氨酸。需要注意，煮过久后虾的这种甜味会流失到水里。在沸腾的水中焯至四成熟，风味物质被封存在虾体内，在柔软与筋道之间恰到好处地达到平衡。

小知识

虾煮后变红的原因

虽同为虾，牡丹虾、甜虾等是红色的，芝虾、日本对虾等是偏黑色的，这种颜色的差异与栖息环境的水深有关。栖息在海洋浅层的虾是黑色的，栖息在海洋深处的虾则是红色的。

这种红色其实是一种名为虾青素的物质，它属于呈现红、黄、橙色的类胡萝卜素，是一种天然色素。

黑色虾中也含有虾青素，虾活着时虾青素与蛋白质结合在一起，因此活虾并不是红色的，而是呈现黑青的颜色。但是黑色虾一经加热，体内的蛋白质受热变性，虾青素与蛋白质分离，因此原本的红色得以显现出来。

【虾壳的颜色】

日本对虾栖息在水下约100米的水层。

甜虾、牡丹虾栖息在水下300~500米的深处。

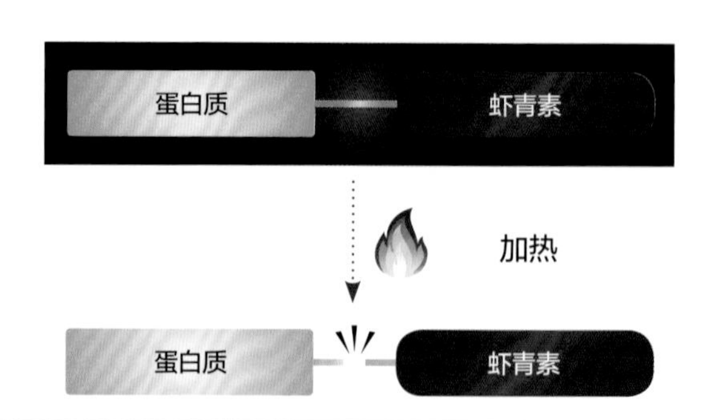

日本对虾

人们吃的日本对虾基本都是活的，市面上既有生虾寿司也有煮过的熟虾寿司。日本对虾中很多是人工养殖的，不过也有一些是野生的。煮过的虾身上会出现鲜艳的条纹。

甜虾

甜虾因为自身的清爽甜味和厚实的口感而备受食客们喜爱。甘氨酸能让人感到甜味，甜虾体内的甘氨酸含量比其他虾低，但是虾肉却有一种甜味。这是因为甜虾体内含有一种融合了蛋白质的黏液，能让舌头持久地感受到甜味。甜虾一旦加热，体内的蛋白质凝固，黏液消失，甜味也随之消失，因此甜虾适合生吃。

牡丹虾

虾如其名，牡丹虾拥有牡丹花般的华丽感，以及紧实糯滑的口感和清甜味，是一种高级的生吃寿司食材。

皮皮虾

皮皮虾是江户前寿司中具有代表性的寿司种之一，市面上也有鲜皮皮虾在流通，但寿司店使用更多的还是在产地捕获后马上用盐腌制、去皮后的虾肉。然后把虾肉用以前传下来的腌制方法腌制入味，搭配寿司饭吃。皮皮虾有春季和夏季两个盛渔期，其中春季的皮皮虾因为体内的虾籽更受欢迎，备受食客们追捧。

不新鲜的皮皮虾不好剥皮，剥皮皮虾皮很需要技术，因此皮皮虾绝大多数在产地就地加工，然后才进入市场流通。购买鲜皮皮虾后，需用剪刀去皮。

皮皮虾

皮皮虾的外形稍微有点儿奇怪，鲜皮皮虾为淡灰色，煮后则变成紫色。有些地方把皮皮虾叫“笠海老”。

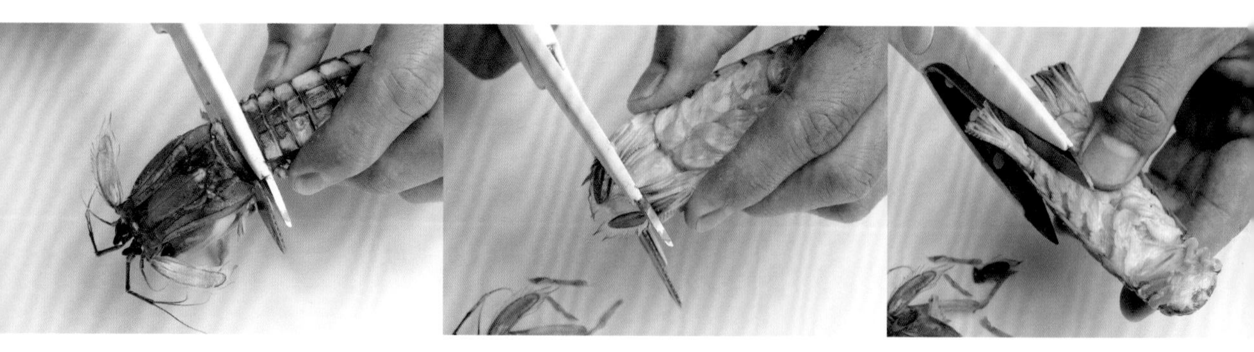

1 用剪刀把头剪掉。

2 调换方向，剪掉尾部的顶端。

3 如图片所示，清理左右。

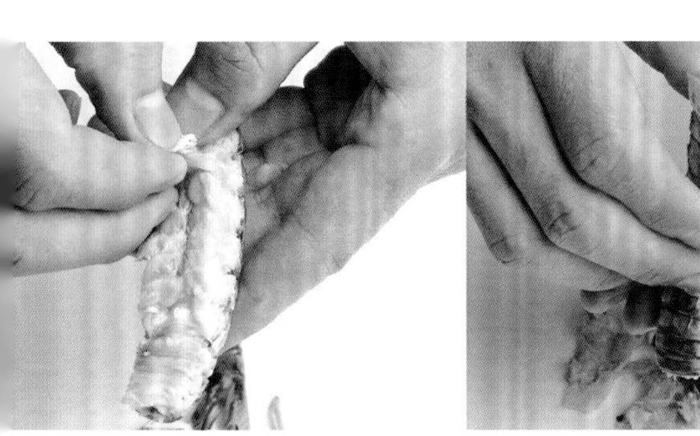

4 剥掉腹侧的薄皮。

5 剥掉背部的壳。

海鳗

海鳗是典型的煮后食用的寿司种，非常具有代表性。
趁鳗鱼新鲜时及时分解，然后马上煮熟制成鳗鱼寿司，
这样的寿司现做现吃当然很棒，
就算放一段时间后再吃也是完全没问题的，
鱼肉并不会变硬，也很适合做鳗鱼饭。

海鳗

海鳗长得很像鳗鱼，但在生物学上鳗鱼科和海鳗科是不同的分类，而且二者在生态、外观、味道上都是不一样的。海鳗是一辈子生活在大海中的海鱼，而鳗鱼是洄游鱼类，它们在海中产卵后会游去河流或湖泊。

选用脂肪肥厚的海鳗，放进由酱油和糖做的煮汁中煮，煮后的海鳗称为煮海鳗。口感柔软细腻、入口即化是煮海鳗的魅力所在。东京湾羽田冲周边出产的海鳗称为“江户前海鳗”，每年 7 月中旬至 9 月上旬期间出产的海鳗品质尤其上乘，被奉为上品。

做完绵处理，趁着海鳗肉尚未变僵硬，及时进行加工处理。准备足够多的煮汁，把海鳗放入煮汁中煮（参照 112 页）。不少寿司职人㊀认为绵处理后马上煮熟的海鳗最好吃。很多人都是在海鲜专卖店内看着卖家当面做绵处理，然后买入的，也有寿司职人买回海鳗后自己立即进行处理。

一年中任何季节都能吃到海鳗，而且一年四季人们对海鳗的需求都很旺盛。应季的海鳗和高品质的海鳗都富含脂肪，很容易煮出柔软的口感，但是季节和产地不同，海鳗的脂肪含量和肉质状态也不尽相同。

“寿司高桥”的做法是这样的，如果选用春季产的脂肪少、肉质软的海鳗，会在做寿司前再次加热，趁着肉质处于松软状态时做成寿司。如果是秋冬产的脂肪多的海鳗，则在做寿司前把海鳗煎一下，让鱼肉更香。煮汁也用于制作煮诘㊁。海鳗这种食材从加工处理到煮、浸泡入味等全过程，每个环节都需要倍加用心。

加工处理

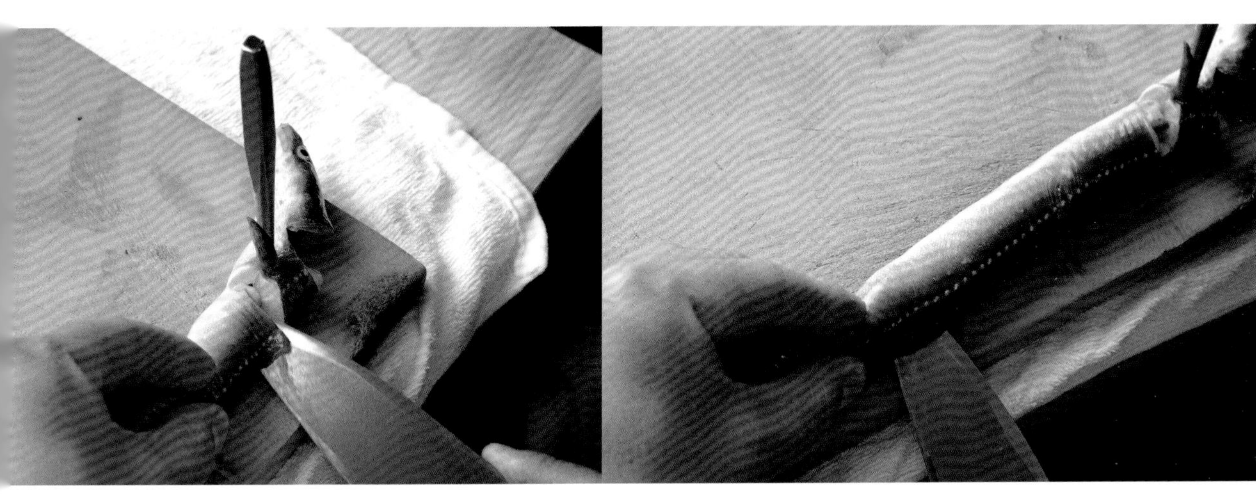

1 把海鳗背部面向自己放好，从鳃边略微倾斜着入刀，刀刃朝着头的方向，旋转剜一圈，刀刃改为朝向鱼尾方向㊂。

2 沿着中骨切去，刀的倾斜角度掌握不好的话很容易切到鱼骨，应多加小心。

㊀ 职人是日语词汇，意思与匠人接近，寿司职人指专做寿司的厨师。——译者注

㊁ 煮诘是日式调料汁，详见 133 页。——译者注

㊂ 这是日本关东地区的做法，名叫“开背”；日本关西地区的做法方向相反，称为“开腹”。——译者注

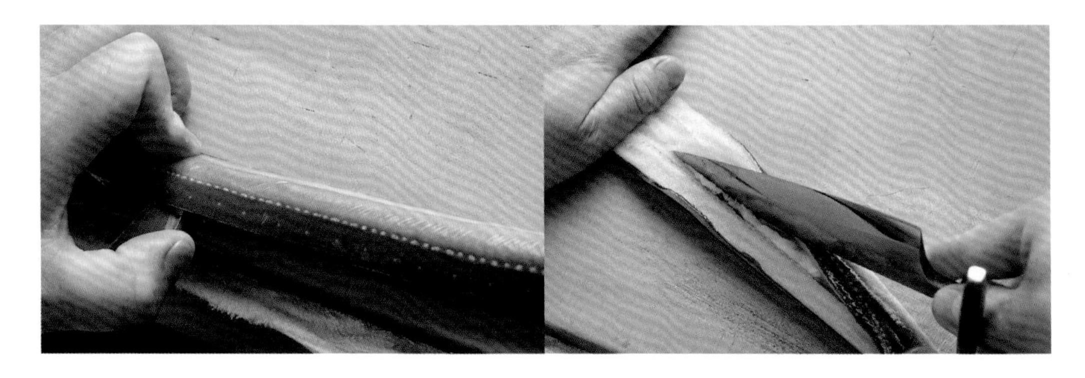

3 刀行至海鳗身体中部时，把左手拇指放在刀背上，拉着继续往下切。切到肛门位置时用巧劲一下子把刀拉到底。

4 切到尾部后，把刀重新插入头部，用刀尖轻轻把鱼翻开。用刀尖沿着中骨划开几个口，完全打开鱼身。

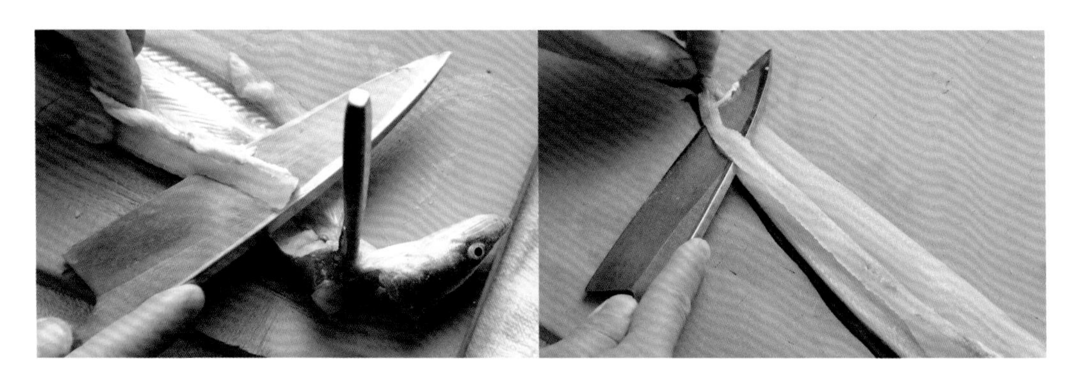

5 用刀把内脏与鱼身的接触面切下，用手抓走内脏丢弃。把头侧中骨的连接处切断。

6 刀平行于案板，在中骨下面下刀，只把中骨卸下。

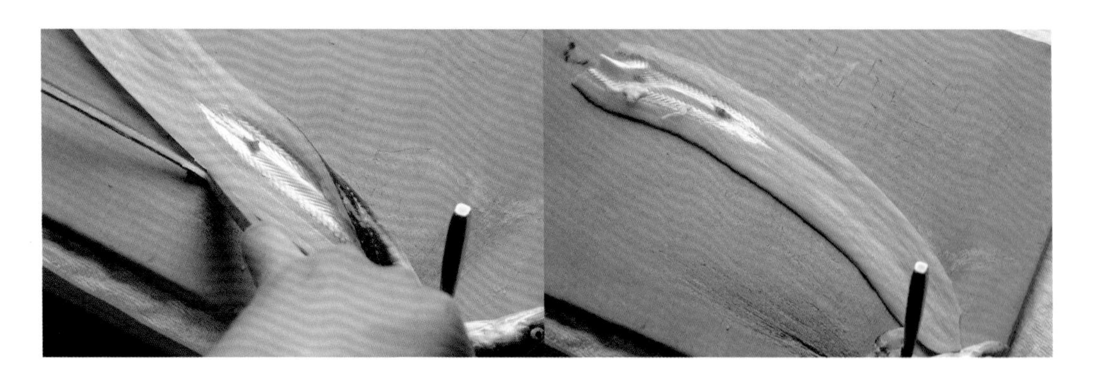

7 切掉鱼鳍。

8 去除血合和表面黏液，切掉鱼头。清洗，把黏液洗掉。清洗后让鱼皮面朝上放好，沥去水分。

煮

锅中放入水 18 升、味淋 180 克、酱油 180 克、糖 500 克，煮沸。然后放入海鳗，撇掉上面的浮沫，半掩锅盖，文火慢炖 25~30 分钟，然后用漏勺沥干水分。

海鳗的颜色

海鳗类多生活在大海沿岸及内海海湾等地的水深不到 100 米的浅层水域中，白天躲在岩石阴影处或泥沙里，夜里活动，不断游动觅食。虽然外形差不多，但鳗鱼身上长有鱼鳞，而海鳗没有鱼鳞，表面滑溜溜的。很多生活在浅水层的鱼都是深色的，不引人注意。虽说都是深色系，生活在不同环境中的海鳗颜色也略微有些差异，有的是偏黑色的，有的是偏茶色的，用来做寿司的海鳗有一个共同特点，那就是在它们偏深色系的身体上长有白点。这种白点是一个个小孔，名叫“侧线”，是鱼用来感知水压、水流变化的器官。小孔足够大，所以看起来像白点。

生活在不同环境中的海鳗，体表颜色各不相同。

煮物

如字面意思所示，寿司店里的“煮物”指的是用煮汁煮过的食材。最近很多寿司店喜欢用盐搭配煮物吃。除了海鳗，章鱼、皮皮虾、蛤蜊、鳗鱼等也是典型的煮物食材。乌贼、虾夷贝以前也拿来做煮物，但最近生吃的情况更多。

煮汁主要由味淋、酱油、糖构成，不同的寿司店根据食材特性自行决定调料的配比、煮的时长等，从而形成了各自独特的口味。

煮海鳗

煮之前先清洗海鳗表面的黏液。海鳗遇到盐和水后肉质变硬，因此碗里只放海鳗不放别的，一直揉搓直到黏滑滑的物质开始轻微冒泡，然后轻轻用水洗掉。

煮鳗鱼有两种方法，一种名叫“泽煮”，用猛火煮极短的时间；一种叫“炖泡”，文火慢炖 25~30 分钟。

“泽煮”法常用来煮长 10~20 厘米的海鳗幼鱼。用水把黏液洗掉，锅中加入各种调料后煮沸，把海鳗里外翻一下，让表皮在内鱼肉在外，放进滚烫的煮汁中烫一下马上捞出，在漏勺中晾凉。煮后的海鳗肉是白色的。

“炖泡”法用于身长 40~50 厘米的成年海鳗。煮汁沸腾后放入海鳗，文火炖煮 25~30 分钟，关火后静置浸泡，直到温度降至常温，让味道充分渗透进鱼肉中。

煮蛤蜊

按照 2：1：3：1.5：1 的比例在锅中分别加入日本酒、味淋、水、糖、酱油，蛤蜊放入锅中，开火。温度保持在 60℃左右，注意火要小，不然蛤蜊容易变硬。

小知识

调味料的渗透和海鳗的柔软质感

鱼贝类的细胞排列紧密，加热后这种结构被破坏，然后调味料才得以渗透进去。鱼贝活着时细胞膜在正常发挥作用，调味料渗透不进去。

使用低于胶原会收缩的温度加热海鳗，才能产生松软的口感。引起肉类胶原收缩的温度是 65℃，对于鱼类，胶原收缩所需的温度更低。“寿司高桥”的做法是，把海鳗放入煮沸的煮汁中加热表面，用漏勺捞起放凉。刚出锅的海鳗，表面温度接近 100℃，冷却过程中表面的热传递进内部，这样，海鳗的中心温度不会超过胶原收缩的温度，因此肉质松软不僵硬。

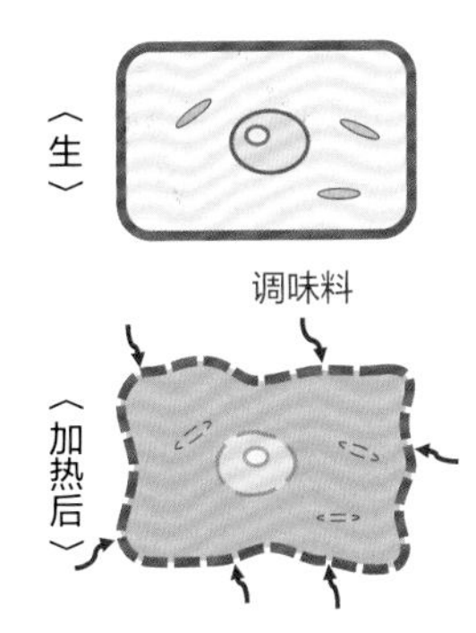

海胆

在纯黑色海苔旁散发着金黄色光泽的海胆军舰寿司
是极受欢迎的寿司之一。
黏黏的口感、口中荡漾开的清甜和
满满的海洋鲜香是海胆品质的代名词。

海胆是一种相对比较新的寿司种，盛渔期是每年的 4~8 月。海胆种类极为丰富，基本日本全国各地的海岸都产海胆。用做寿司种的海胆有紫海胆、马粪海胆、虾夷紫海胆、赤海胆等，它们在产地被整齐地装进薄木箱中，运输上市。市面上，人们根据去壳后海胆内部的颜色，把马粪海胆称为红海胆，把紫海胆称为白海胆。

海胆

人们吃海胆其实吃的是它的生殖腺（精巢、卵巢），它们位于壳的内部，分为五房。种类不同，海胆的味道不同。不仅如此，因为海胆以进食海藻为生，不同海域的海藻不同，导致海胆的味道、香气、颜色也有所不同。

图片中位于下方的是马粪海胆，因外观酷似马粪而得名。
颜色黝黑、长着尖刺的是紫海胆。
（图片出处：有限公司 PHOTO WORKS FREAK）

紫海胆

明矾与海胆

新鲜的海胆紧实且有香味，不新鲜的海胆则松塌塌的，出水。为了避免海胆变软，很多时候人们用明矾处理海胆，因为明矾中的有效成分具有使蛋白质凝固的作用。海胆的细胞由蛋白质构成，经明矾处理后的海胆不容易变质，称为“生海胆”“板海胆”。最近市面上也有很多泡在灭菌海水或人工勾兑的盐水里的“盐海胆”，这种海胆的保质期比明矾处理过的海胆短，海水会随着时间变混浊，需要处理后尽快吃完。

【海胆的颜色差异】

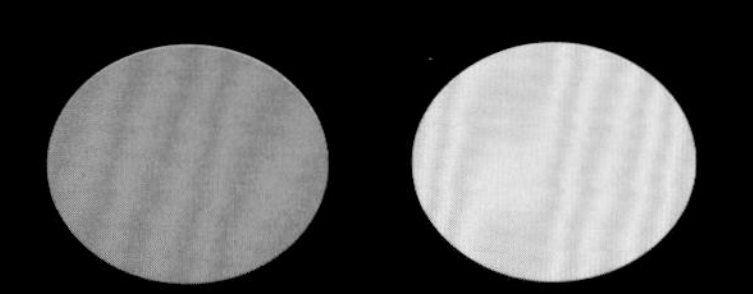

因产地、季节等而

[第3章]

准备工作——寿司饭及其他

Preparing

很多寿司职人都主张“舍利[1]六成，种四成”，意思是：即便寿司种再怎么好，没有好米饭与之搭配也做不出好寿司。寿司饭的理想状态是拿着时不散，入口立刻散开。

只有把鱼肉放到寿司饭上，寿司才算做完了，正因如此，寿司饭的味道和口感极大影响寿司的味道。为了让寿司饭与寿司种在最大限度内实现完美搭配，寿司职人用心完成挑选大米、蒸米饭、调整盐醋糖配比等每一环节。

但是，如果寿司饭的味道太重，会遮住寿司种的味道，只有让寿司饭和寿司种浑然一体，寿司饭的存在感不能太强，寿司种也不能太过突兀，二者有机结合方能展现出寿司的魅力。做寿司饭时需要心里装着这种追求。

当然除了味道，寿司饭的口感也非常重要。寿司饭既不能太硬，也不能过软，吃起来得与寿司种充分融为一体。如此一来，需要寿司职人把握好刚出锅时米饭的状态和米饭对醋的吸收情况，这些细节非常重要。据说以前有专门负责蒸米饭的职人，名叫“舍利屋”，可见蒸米饭是件非常有难度有挑战的工作，寿司饭对于寿司的重要性也可见一斑。

[1] 在寿司圈中人们管寿司饭叫“舍利”。——译者注

大米小知识

大米的种类

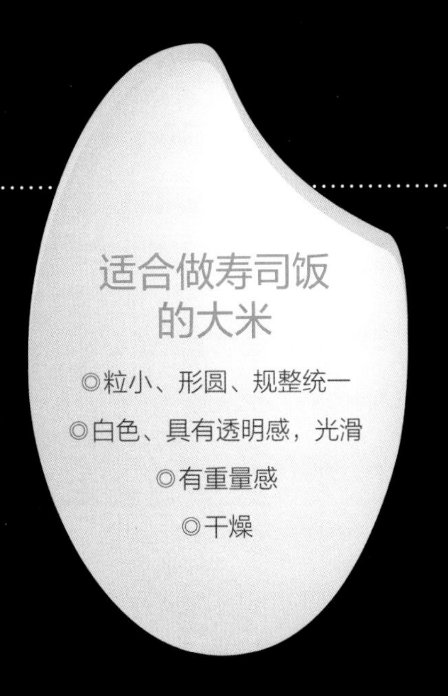

常用的大米有粳米和糯米两种，一般人们拿来做米饭的都是粳米。在日本，有记录的大米多达 900 种，其中常用来做米饭的约 290 种。

从栽培面积来讲，“越光”米最多，约占 35%，然后分别是“一见钟情”“日之光”“秋田小町”“七星”“Haenuki”“娟光”“Masshigura”“朝日之梦”和“Yumepirika”。290 多种大米实在不少，寿司职人们根据自身需求挑选大米，有时也会把几种不同种类的大米混在一起用。笔者听到过用“越光”“一见钟情”“日之光”“秋田小町”“丝滑珍珠”“丝滑女王”做的寿司饭。不同种类的大米各有各的特点，其支链淀粉、直链淀粉、蛋白质的含量各不相同，黏度、硬度各异。

“越光”“一见钟情”“秋田小町”的直链淀粉含量为 17%~18%，与之相对，“丝滑珍珠”和“丝滑女王”的直链淀粉含量只有 4%~11%，因此被称为“低直链淀粉米”。“低直链淀粉米”的直链淀粉含量低，但支链淀粉的含量却很高，因此黏性强。

“越光”凉着吃也好吃，这也是它受欢迎的原因之一。

直链淀粉含量（%）= 直链淀粉在大米淀粉中所占比重

新米与陈米

新米分为两种，一种是处于收获年份的 11 月 1 日至次年 10 月 31 日这期间的大米（按照大米的年份算）；一种是在收获年份 12 月 31 日以前从稻米加工成大米或分装成袋的大米。

经常听人说“比起新米，陈米更适合做寿司”，因为用陈米蒸出的米饭颗粒分明，而用新米做的米饭发黏，出不来寿司所特有的口感。

这里所说的陈米不是放了好几年的，一般指前年的米。

既有只用陈米的店，也有把新米和陈米混在一起用的店，寿司职人在蒸法、混醋等环节上精益求精，不断摸索，以期让自己的寿司更趋完美。

陈米比新米硬，吸水率比新米低 2%~3%。

直链淀粉与支链淀粉

碳水化合物（糖、食物纤维等的合称）在精制大米中占 78%，而碳水化合物基本等同于淀粉。葡萄糖像珠子一样连接在一起，构成淀粉。根据其连接方式的不同，淀粉分为直链淀粉和支链淀粉两种。

葡萄糖呈直链形态连接排列的淀粉称为直链淀粉，葡萄糖呈分枝形态连接排列的淀粉称为支链淀粉。支链淀粉的分支在水中缠绕在一起，因此表现出黏的特性。

直链淀粉与全淀粉的比值称为“直链淀粉含量”，它与米饭的口感密切相关，决定了米饭是颗粒感分明的清爽感还是黏糯感。直链淀粉含量在 17%~27% 的米称为“高籼种”，高籼种的直链淀粉含量低，故而基本没有糯性，口感清爽，颗粒分明；直链淀粉含量在 16%~18% 的米黏度适中；直链淀粉含量为 0 的米完全由支链淀粉构成，黏性和糯感非常强。

最近市面上也常能看到一种直链淀粉含量控制在 4%~11% 的“低直链淀粉米”。

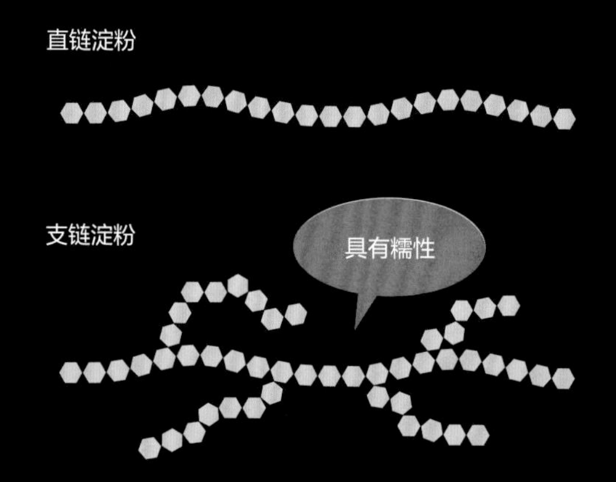

糊化（α化）

在淀粉的所有变化中，糊化是很具有代表性的一种。淀粉遇凉水或常温水后不会溶解，但是加热后却会变得透明、有黏性，像融化了似的，这就是淀粉的糊化。发生糊化之前的淀粉叫 β 淀粉，糊化以后的淀粉叫 α 淀粉，因此糊化也称为“α 化”。

大米的淀粉由直链淀粉和支链淀粉构成，它们之间结合得非常紧密，连水分子都进入不了。但是这种紧密的结构一旦遇热就会瓦解，水分子进入淀粉之间的缝隙，变得具有黏性。

发生糊化的淀粉冷却后，黏性逐渐消退，这称为淀粉的老化，也被称为 β 化。

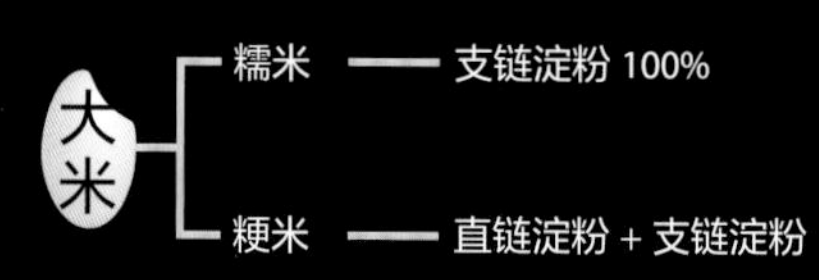

寿司醋

在刚蒸熟的米饭中掺入寿司醋，此时能让醋更好地进入米粒内部。刚蒸好的米饭温度高（推测温度为 98℃），米粒内部的一部分水分变为水蒸气，米粒体积变大。温度下降后，米粒内部的水蒸气变成水，米粒的体积减小。醋在这个过程中进入米粒内部，温度越高，寿司醋渗透进米粒内部的速度越快，因此在米饭刚做好后放醋，能让醋快速渗透进米饭内部。

有一项研究分别调查了在温度为 80℃、50℃、20℃时寿司醋的渗透程度，结果发现温度越高，醋的渗透程度越高。

蒸米饭

一锅蒸好的米饭，上部、中部、下部的米粒形状是不一样的。用“寿司高桥”的方法蒸出的米饭，上部米粒发干，下部米粒受到上面米粒的重力变的扁平，挨着锅底的米粒焦掉。一锅米饭，只有位于中间的部分是形状完好、蓬松饱满的。为此，店家会把焦掉的、变形的、干燥的都去掉，只留下中间的米饭。米粒的大小、形状、表面的黏糯度等任何一方面不够理想都会对寿司的形状、寿司醋的渗透程度、寿司的口感产生影响。

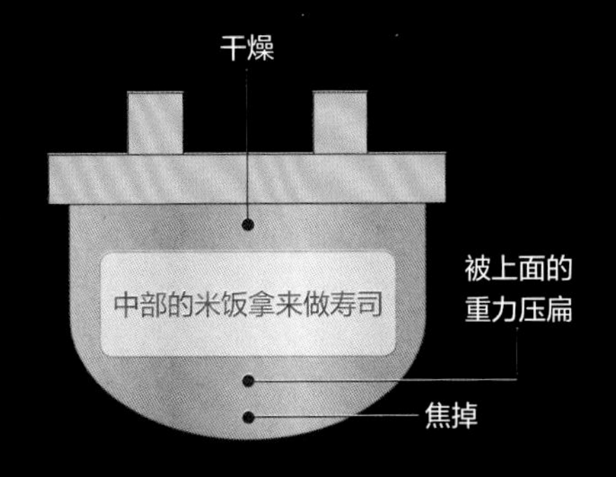

握寿司的原型是熟寿司。
熟寿司是把鱼、盐、米放到一起发酵后制成的食品,
发酵所产生的酸味是其特征。
现在的寿司用醋赋予寿司酸味，醋是制作寿司过程中不可或缺的食材。

提到寿司，人们首先想到的是握寿司，据说它的前身是古人用盐、米、鱼长时间发酵制成的“熟寿司”。后来日本关西地区又出现了“押寿司”。最后关东人不再等待食材发酵或熟成，他们把醋引进寿司中，并把寿司做成一贯一贯的，由此诞生了现今的握寿司。

当时使用的醋是用酒粕酿造的，叫作粕醋，粕醋是红色的，因此也称为赤醋。后来用大米酿造的米醋逐渐普及。米醋也有颜色，但不像粕醋那样深，与米饭的颜色比较搭，更重要的是，米醋不干扰食材的风味。因此，现在的寿司店一般都使用米醋。但是也有人很难割舍粕醋的香气和醇厚味道，使用粕醋的寿司店在增加。

米醋

“寿司高桥”的混合醋

按照 10：1：1 的比例分别把米醋、赤醋、黑醋倒进锅里，放入糖、盐、水，煮沸后静置直到冷却。

小知识

黑醋和赤醋的颜色

黑醋和赤醋都有颜色，这颜色是原料在漫长的发酵和熟成过程中产生的。发酵和熟成过程中产生美拉德反应，这是氨基酸和糖之间发生的反应，产生褐色色素和香味物质。黑醋和赤醋经历了漫长的发酵和熟成过程，氨基酸含量和糖含量都高于其他食用醋，颜色偏黑。原料的不同会造成颜色差异，像下图所示，黑醋发红、赤醋发黑的情况也是存在的。

黑醋

赤醋

"寿司高桥"所使用的醋

从历史上来看，寿司原本是鱼、盐、米饭混合发酵制成的食物，
盐对于寿司来说是必不可少的。
盐的用途十分广泛，人们不仅用它赋予食材咸味，还用盐腌制、保鲜等。

虽说都是盐，原材料和制作方法的不同却赋予了盐众多特性。寿司职人从几百种不同类型的盐中挑选出最适合的。是否光滑、是否容易溶解、镁等矿物质含量的高低等特性的不同基本是由制作方法决定的。不管是日晒盐还是岩盐，一经溶解煮沸性质就会改变，变成煮盐特性。

高浓度盐水称为咸水，用咸水煮出的盐叫“战后盐”。煮盐使用立锅和平锅，立锅形如真空罐，平锅呈方形或圆形。

用立锅煮出的盐，盐晶体是漂亮的六面体，用平锅煮出的盐具有易溶解、易结块、体积大等特点。使用平锅时，加热方法不同，颜色晶体结构也不相同。如果用猛火快速加热，锅内发生强对流，会形成立方体状晶体。但是这种搅拌不充分，导致小晶体粘在一起。如果用温火加热，避免翻腾搅拌的话，则会形成松脆的片状盐。

海水蒸发晒出的盐在日本称为“天然盐”，它的味道具有圆润、醇厚的特点，人们认为这味道源自氯化钠以外的矿物质。事实上，这种盐的氯化钠含量低，其他矿物质含量丰富。

【盐的结晶结构】

盐的结晶有多种形状，盐是白色的，但一颗一颗的结晶是无色透明的。众多盐结晶聚集在一起，表面凸凹不平，光线发生散射，因此盐看起来是白色的。

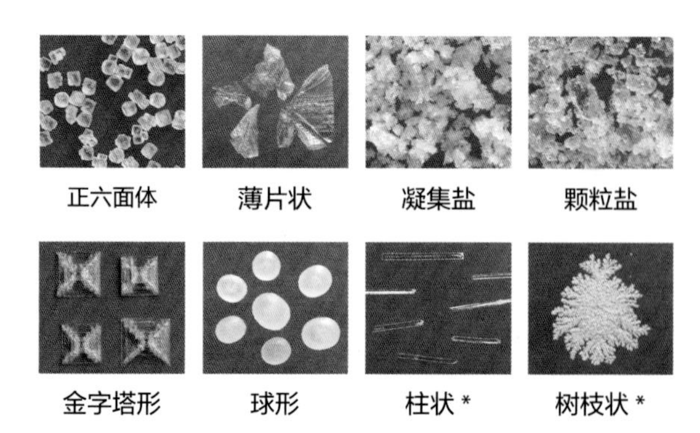

正六面体　薄片状　凝集盐　颗粒盐
金字塔形　球形　柱状 *　树枝状 *

* 用极为特殊的制盐法制成的，不作为一般的食用盐流通。
（资料和图片出处：公益财团法人盐事业中心）

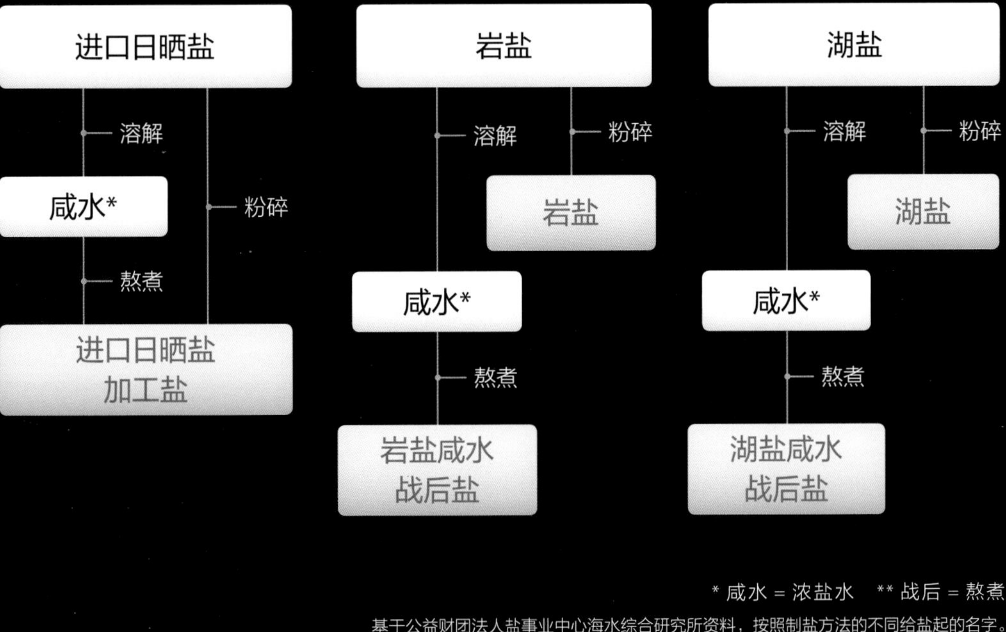
进口日晒盐
溶解
咸水*
熬煮
粉碎
进口日晒盐
加工盐
岩盐
溶解
粉碎
岩盐
咸水*
熬煮
岩盐咸水
战后盐
湖盐
溶解
粉碎
湖盐
咸水*
熬煮
湖盐咸水
战后盐
* 咸水 = 浓盐水 ** 战后 = 熬煮
基于公益财团法人盐事业中心海水综合研究所资料，按照制盐方法的不同给盐起的名字。

蒸米饭

所谓蒸米饭就是让米吸收水分，通过水和热让淀粉发生糊化的过程。最初米和水在锅中是泾渭分明的，加热后水分完全被米吸收，具有适度黏性和硬度的米饭就做好了。

寿司的个性也是寿司饭的个性，不同的寿司职人使用不同的方法蒸米饭。除了电饭锅、燃气饭锅，还有不少寿司店钟爱羽釜[一]，“寿司高桥”就是其中的一员。给铁羽釜盖上厚重的锅盖，锅盖上面再放锅，锅中放入大量的水，起到压住锅盖、减少锅中蒸汽流失的作用。羽釜内只有少量的水，加之猛火快速加热，锅底的米饭烧焦基本是不可避免的。但是也只有这样的水量和火力才能蒸出软硬适度的米饭。随着时间不断微调火力大小，这是“寿司高桥”无数次尝试后总结出的方法，也是“寿司高桥”的秘诀。

“寿司高桥”的蒸饭方法

【首先从淘米开始】

盆里放米和水，搅拌后隔着漏勺把水倒掉。重新把米倒入盆中，再洗。这一操作共重复三遍。超过三次的话，不但淀粉、蛋白质、糖等营养物质会流失，还会损伤大米。重新把米倒入盆中，用水浸泡 30 分钟左右，用漏勺捞起，控水 1 分钟，然后把米倒入锅中。控水时间过长的话，大米会变得比较干燥，容易断。

【米水用量】

米	水
10合[二]	1200毫升

㊀ 羽釜是一种日式锅，圆底，锅身上有一圈“翅膀”。 ——译者注

㊁ 1 合约 180 毫升。 ——译者注

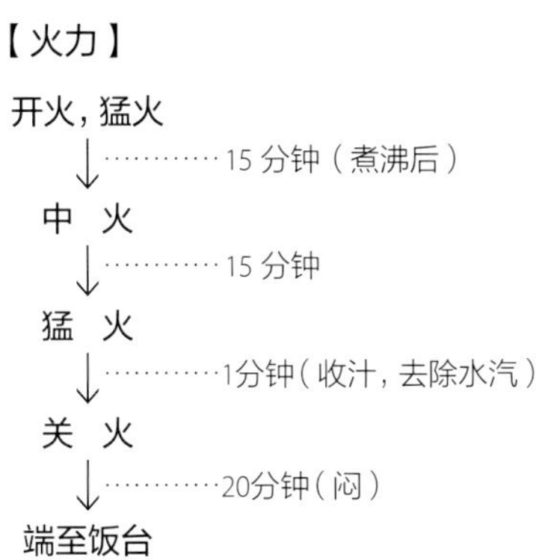

用毛巾把名叫“舍利板”的饭台擦干净，把刚做好的米饭倒扣在饭台上，米饭会整个儿出来。蒸米饭时锅内水少火大，因此周围会有些米饭煳掉，用饭勺把煳掉的部分清除干净，只留中间部分的米饭备用。刚出锅的米饭稍微有些硬，吸收醋后就会变成状态刚刚好的寿司饭。

寿司饭

米饭只有与寿司醋混合后，才能变成寿司饭。趁着饭台上的米饭温热的时候，均匀地洒上醋，用饭勺搅拌，使每粒米粒分开，这一步称为“饭切”。等米饭中没有饭块后停止往里面拌醋，把米饭装进保温桶，温度保持在“人肌（见 131 页）”。制作寿司时把寿司饭盛进饭桶里。

1 提前调好寿司醋，按照从中心到边缘的顺序洒醋，先从揭掉煳锅巴后的中心部位开始。

2 把整块米饭弄碎，用饭勺从下往上翻。

3 饭均匀地洒上醋后静置。

4 期间用扇子把醋味扇掉，使米饭更具光泽。

5 手隔着毛巾，把寿司饭放至饭台的一侧。注意别把米粒弄碎。

6 把寿司饭放进保温桶中。

“寿司高桥”做的寿司饭的温度变化

这里的温度变化指米饭从刚蒸好到放在饭台上或保温桶里时的温度变化。刚出锅的米饭 98℃，去掉煳掉的锅巴并拌醋后，温度降至 59℃，用饭勺做完“饭切”后，温度变为 43℃左右。

保温桶的温度设置在 70℃左右，米饭装进保温桶后温度略微上升，然后恒定在 46℃。至做寿司前会把寿司饭装进饭桶，寿司饭的温度保持在 43℃左右。用这种温度的寿司饭制作的寿司进入顾客口中时会稍微降一点温。此时的温度也就是所谓的“人肌”。

【寿司饭的温度变化】

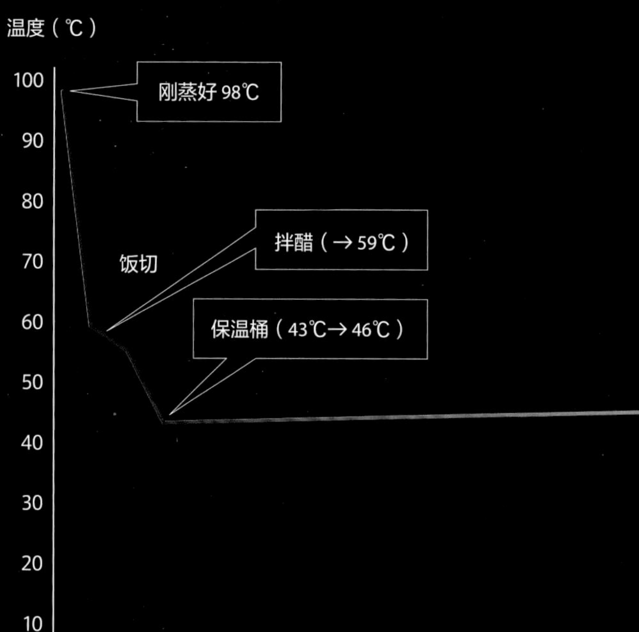

* 编辑部调查统计

煮切

煮切是一种涂在寿司上的“清淡酱汁”，
是在酱油的基础上添加味淋、出汁㊀等制作而成的，
制作方法多种多样。

握好的寿司可搭配小碟中的酱油吃，然而很多自称“江户前”的寿司职人会用小刷子给寿司涂上一层以酱油为基础制作的调味酱汁，这个调味酱汁名叫“煮切”。煮切的制作方法多种多样，有人用酱油、酒、味淋调制，有人用酱油、酒、出汁调制，但有一点是共通的，即都会把里面的酒精蒸发掉。日语里“煮切”一词的意思是通过熬煮使酒精蒸发，后来“煮切”直接成了这种酱汁的名字。“寿司高桥”用同等比例的酱油和味啉熬制煮切，然后根据鱼贝的特点灵活调整刷煮切的量。

㊀ 出汁是用昆布、鲣鱼等食材熬制的高汤。 ——译者注

煮诘

煮诘是一种涂在寿司上的“浓稠酱汁”，寿司店直接叫它“诘”，通常用海鳗煮汤，汤中放粗目糖㊀、味淋熬煮制成。

海鳗是江户前寿司中不可缺少的寿司种食材，煮海鳗时的煮汁是制作煮诘的基础材料。把分解海鳗时剔除的鱼头和中骨烤一下后放入煮汁中，再加入酱油、糖、酒，或者味淋一起炖煮，一边煮一边撇去浮沫，直到汤汁变黏稠。这样煮出的汤汁就是“煮诘”。有的店在煮诘用完后才煮新的，也有的店在煮诘将要用完但尚有剩余时就补充上新的，让秘制的老料底一直延续下去。除了海鳗，像皮皮虾、蛤蜊等需要采用“炖泡”法烹制的寿司种也涂煮诘。

㊀ 粗目糖又称“白双糖”，是使用蔗糖制作的一种有结晶的白糖。比粗糖的颗粒小，比上白糖的颗粒大。 ——译者注

寿司的甜味

寿司中能用到的甜味调料主要是糖和味淋。
目的不只限于增加甜味，还包括使酸味和苦味变得柔和，
并能提升亮度、方便保存，充分利用了糖和味淋所具有的多种功能。

在制作寿司的准备阶段，主要有两处会用到糖或味淋，分别是煮汁和寿司醋。煮汁里一般都会加入糖或味淋，或者两种都加，而寿司饭则不尽然，很多店的寿司饭不加糖。因为寿司醋原本只包括醋和盐，这些店意在坚守这一传统。

20 世纪 50 年代以来，糖的使用不断普及，往寿司醋中加糖的店逐步增多。原因在于加醋后好处多多，如米饭的光泽度更好、酸味变柔和、米粒更松软，还能防止淀粉老化，进而起到保鲜的效果。

砂糖和味淋的甜味在本质上是不同的，这是因为作为甜味来源的糖的类型不同。砂糖的甜味主要成分是从甘蔗和甜菜中提取的，味淋的甜味主要成分是糯米中的淀粉在酶的作用下分解产生的葡萄糖、麦芽糖、低聚糖。因此味淋的甜味非常柔和。

使用味淋后米饭的光泽度更好，这是因为葡萄糖是糖类中光泽度最高的。味淋中含有酒精，因此还能防止鱼贝煮烂，此外丰富的香味成分还能抑制异味。

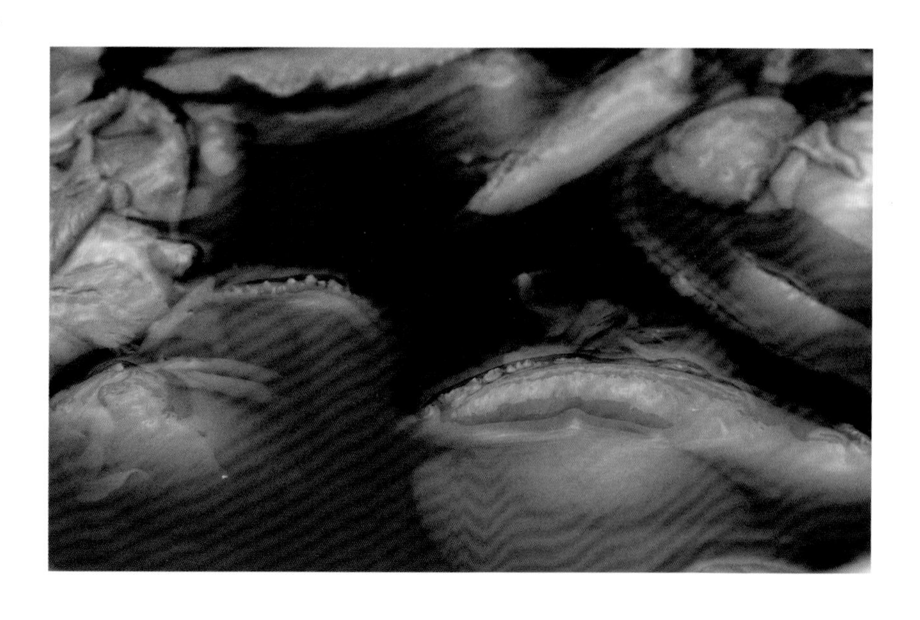

【正宗的味淋和味淋风味的调料的区别】

正宗的味淋

使用蒸过的糯米或粳米当作原料，加入含有酒精的酒曲、烧酒等进行糖化或熟成制成。它的糖分为45%，酒精度数在14度左右，属于日本酒水法中规定的酒精类饮品。开封后可保存半年以上。

味淋风味的调料

使用葡萄糖和淀粉糖浆等糖类、调味料、酸味料等当作原料，糖分为60%左右，盐分不足1%。酒精度不到1%，不属于日本酒精类饮品，比正宗的味淋便宜。开封后需冷藏，最好在2~3个月内用完。

味淋的调味功效

● 柔和的甜味和光泽

与由单一蔗糖（二糖）构成的砂糖相比，味淋主要成分的80%~90%是葡萄糖（单糖），葡萄糖分子小于蔗糖分子，能更好地渗透进食物内部，味淋的甜味比砂糖更柔和。此外，加热后，味淋还能赋予米饭香味和光泽。

● 深邃的口感、味道和香气

味淋是糯米经复杂工艺制成的（参照137页），含有丰富的氨基酸、肽、有机酸和香味物质。氨基酸和肽属于鲜味物质，有机酸可以让食材的味道更突出。这些物质与食材有机融合，打造出深邃的口感和鲜美的味道，以及令人愉悦的风味。

●快速渗透力和腌制、除臭功能

味淋中含有酒精，酒精能加快其他调料渗入食材的速度，起到让食材快速入味的作用。在酒精的作用下，蔬菜内部的组织细胞可避免煮垮掉。此外，当温度达到78℃左右后酒精会蒸发，当把味淋和鱼贝一起煮时，酒精会带着腥臭味一起蒸发掉，从而起到去腥除臭的作用。

●防腐、杀菌作用

光靠味淋中的酒精，杀菌作用非常有限，但是当它和味淋中的有机酸和其他调味料的酸，以及盐结合在一起后，就具有了防腐、杀菌的作用。

糖的制作方法

砂糖的种类很多，寿司店使用的一般是上白糖、和三盆、三温糖、Kibi 砂糖等。不同制作方法制成的糖颜色、颗粒大小各不相同。

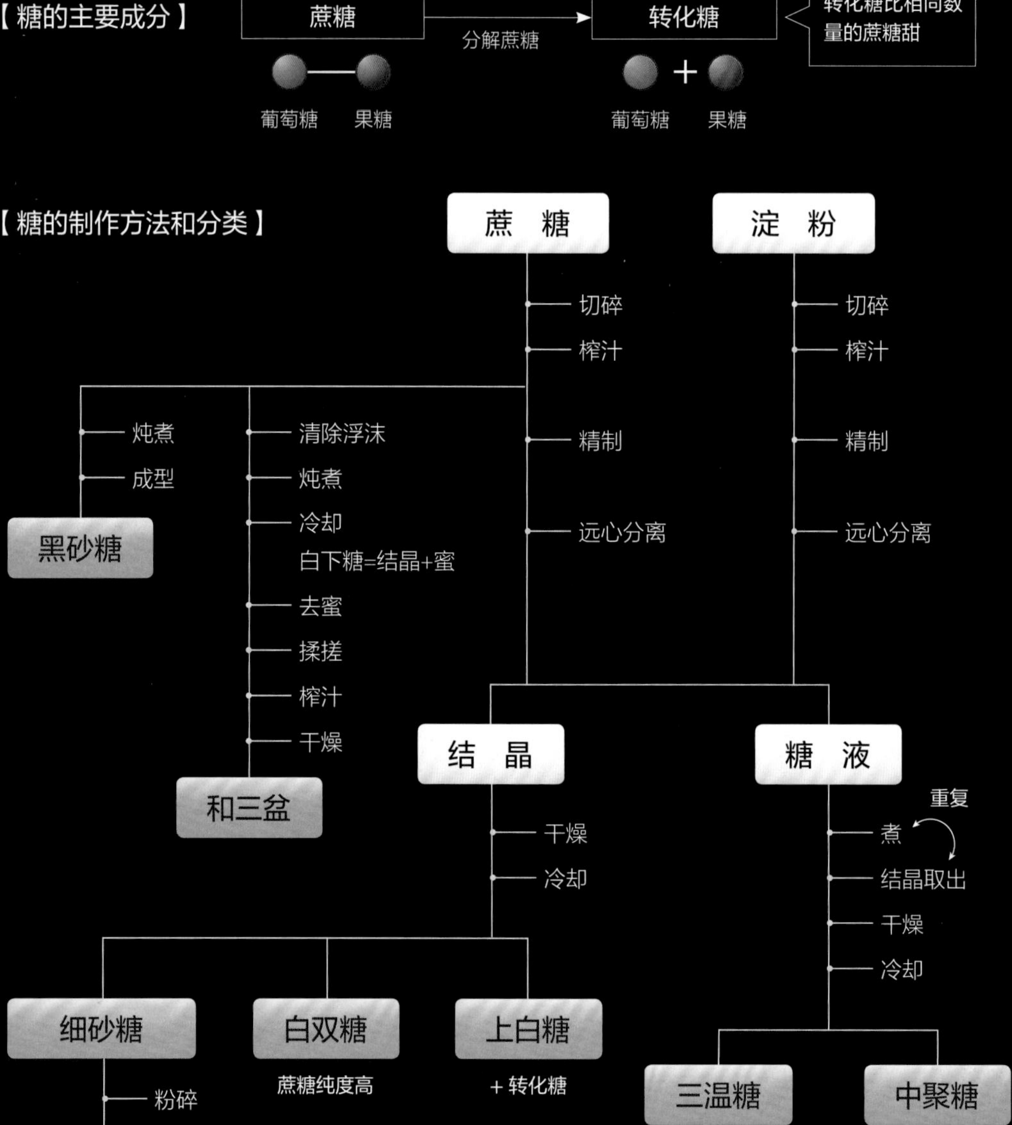

煮海鳗、蛤蜊、皮皮虾时所用的正宗味淋是把糯米、米曲、烧酒、酒精混合发酵后长时间放置，经糖化、熟成制成的。

【制作正宗味淋的方法（例）】

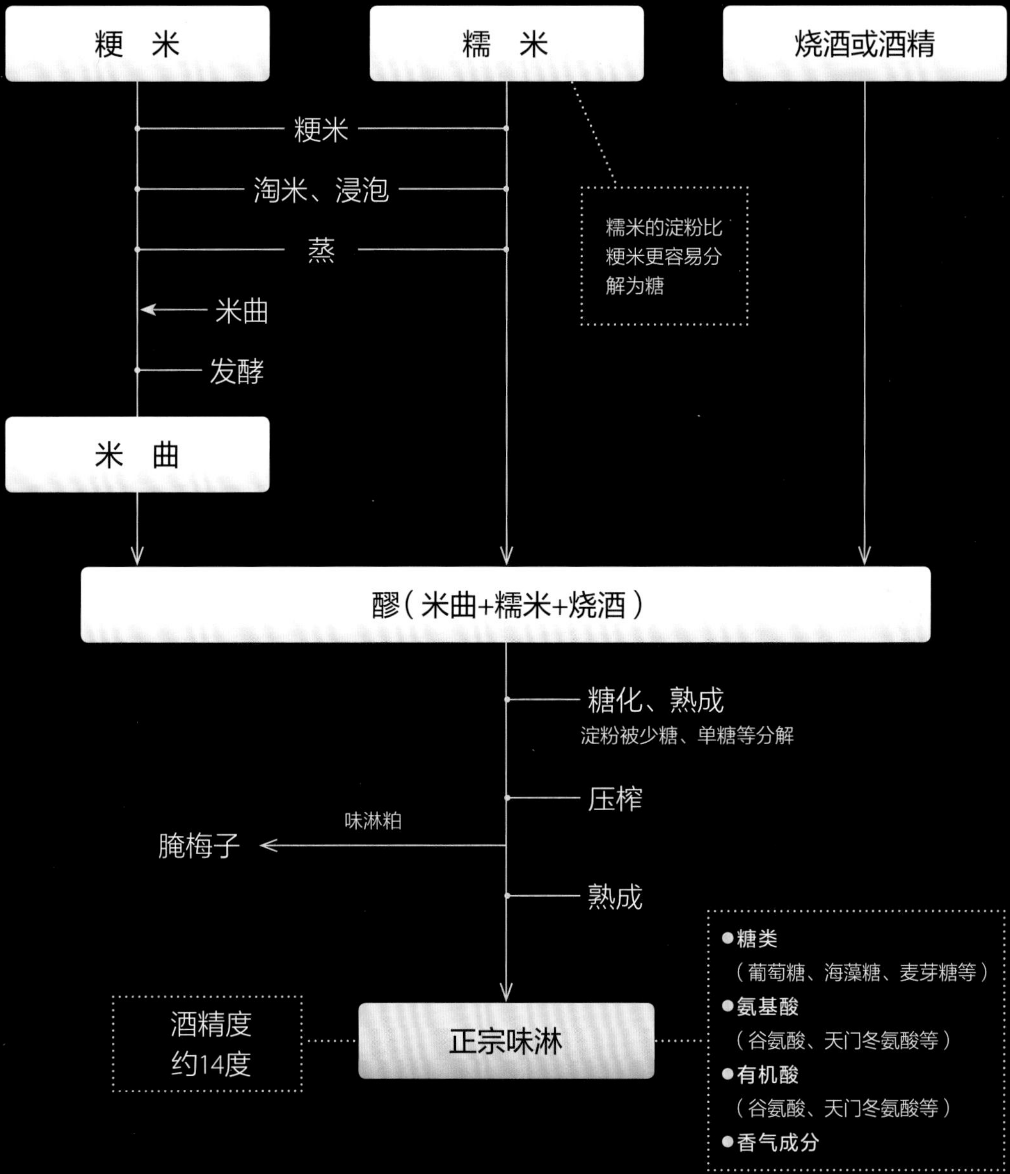

山葵因其自身特有的辣味和柔和清香被列为吃寿司时不可或缺的调味品。
光是看到寿司职人现场研磨山葵已经让食客兴奋不已了。
山葵原是日本特有的，如今已经世界知名，
成了一种能代表日本的调味料。

说起寿司店里的山葵，除了职人在操作台上研磨的山葵外，还包括需加水调制的山葵粉，前者称为“磨山葵”“研磨山葵”。后者称为“调制山葵”。山葵的品质参差不齐，相差悬殊，尽管都叫山葵，受产地、品种等因素影响，山葵的品质存在巨大差异。静冈县的伊豆天城、御殿场、长野县的穗高等地栽培的“真妻种”被人们奉为山葵里的极品。人们根据栽培方法不同，将山葵分为两种，一种是生长在旱地里的“旱地山葵”，一种是生长在水田里的“泽山葵”。寿司店里使用的是“泽山葵”（参见下图）。“泽山葵”又分为两类，分别是易于栽培、可大规模种植的“实生种”和不易于栽培、很难大规模种植的“真妻种”。“真妻种”生长缓慢，一年只能长大约 3 厘米，从插苗到收获，周期为一年半至三年，时间是“实生种”的 1.5 倍。种植“真妻种”需要梯田、干净的水、稳定保持在 15℃以下的水温（哪怕是夏季）、富氧环境，收获时得人工挖，并且下手刨时得足够小心谨慎。个大且身上小点点少的山葵是优质的，研磨后黏稠，散发出具有高级感的辣味和柔和的风味。

山葵

与萝卜、芥菜同属“十字花科”。寿司店里研磨后使用的山葵一般都是产自流动着清水的水田里的“泽山葵”。粗壮的根茎颜色深绿，色泽艳丽，辣味和香气极佳，因此价格非常高。

山葵的成分

山葵经研磨，其内部的细胞组织被破坏，在酶的作用下生成辣味物质。用研磨器细细研磨山葵的目的在于充分破坏它的细胞组织，让酶充分发挥作用，产生辣味。刚研磨完的山葵，酶还没来得及进行分解，因此没什么辣味。

把研磨后的山葵放置一段时间后，辣味会渐渐显现出来，但是放的时间太久也不行，辣味物质会挥发掉，山葵又变得不辣了。因此，为了保存山葵的辣味和香气，最好现用现磨，每次用多少磨多少。研磨时还要给婧碟子（装山葵的容器）盖上盖子，以防止辣味成分流失掉。此外，有研究报告指出，山葵的辣味成分具有抗菌功效，特别是对鱼类中常见的副溶血性弧菌等能引起食物中毒的细菌，有一定的抗菌作用。

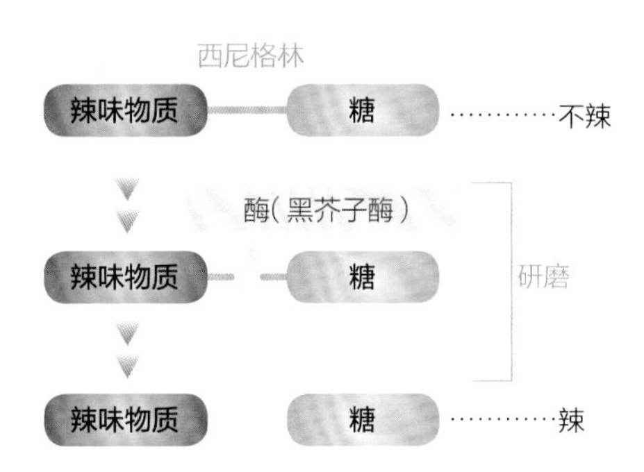

柑橘

青柠、柚子、臭橙[㊀]等柑橘类水果的果汁对于
日本料理中的鱼料理而言是不可缺少的配料。
在红鲷鱼、鲽鱼等白肉鱼，章鱼、乌贼及沙丁鱼等光物中加入柑橘汁，
柑橘中的酸能让各种鱼的特性更加突显。

提到寿司中不可缺少的酸，当数醋及与之并列的柑橘汁。比起煮或腌过的寿司，生吃寿司开始流行时，柑橘汁和柑橘皮迎来了更多用于寿司的机会。

柑橘酸味的主要成分是柠檬酸，醋酸味的主要成分是醋酸，柠檬酸和醋酸都属于有机酸。有机酸如它的字面意思所示，pH（参照 73 页）小于 7。有机酸具有防止酸化、抑制细菌繁殖等功效，但就柑橘而言，比起保鲜作用，其果实的柔和香气是人们最看重的。

【寿司中使用的柑橘】

①主要产地
②露天栽培柑橘的收获季节

柚子

①日本高知县、德岛县，我国南方地区多有种植
② 10~12 月

青柠

①日本德岛县，我国主产于海南、四川等地
② 9 月

臭橙

①日本大分县，我国主产于江西、福建等地
② 9 月

㊀ 臭橙在我国主产于江西、福建等地，味酸带苦。 ——译者注

红姜（甜醋生姜）

在寿司圈中，用职人们的行话来说，
用醋腌过的薄姜片称为红姜。
红姜和茶具有相同的作用，人们在两贯寿司之间吃一口红姜，
能有效消除上一贯寿司的味道，让舌头更好地品味下一贯寿司的味道。

人们把用甜醋腌过的生姜叫 Gari，不但因为嚼生姜时会发出嘎吱嘎吱的声音，还因为切生姜时也有嘎吱嘎吱的声音。这种嘎吱嘎吱的声音源于生姜纤维又多又硬的特性。用来制作红姜的不是姜的根部，而是含有大量纤维的茎。和其他植物一样，生姜也由根茎叶组成，其中茎长在地下的、名为“地下茎”的那部分用来制作红姜。

根据采收季节和上市时间的不同，人们对姜的叫法也不相同，最流行的叫法是生姜和嫩姜。一般提到生姜指的是老姜，这种秋天收获的生姜储存起来，以便一年四季均可出售。嫩姜是新从土中刨出的姜，整体颜色浅，叶柄处呈粉红色。嫩姜只在每年的 9~11 月能在市面上买到。它比生姜的“纤维感”弱，具有口感柔软的特点。此外，每年初夏时节会上市“谷中生姜”，人们常拿甜醋腌制谷中生姜，然后搭配烤鱼一起吃。到了夏季，寿司店也会用腌制过的谷中生姜代替薄姜片，以增添些许季节感。

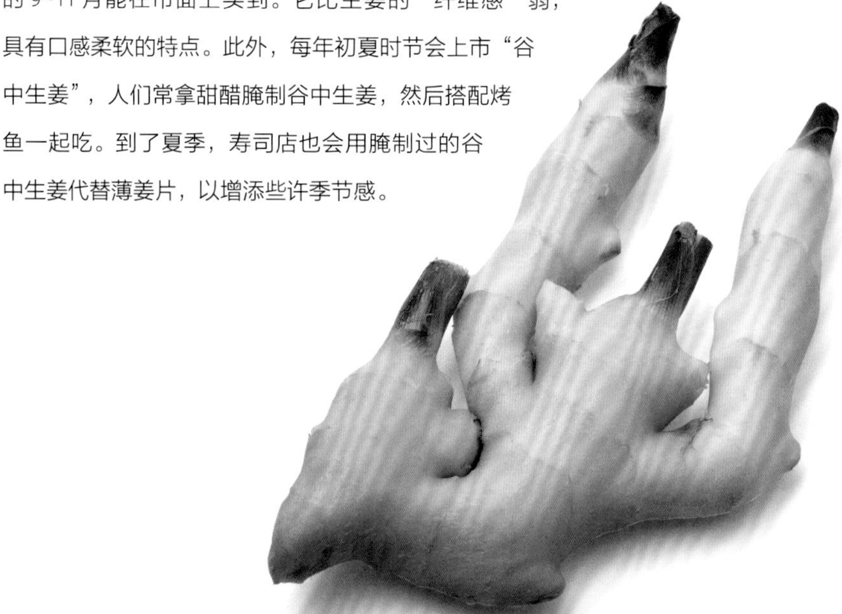

生姜

姜的辛辣成分来自姜油和姜黄素，这些成分有去除鱼腥味的功效。此外，一项研究姜辣成分与能量代谢的研究报告称，吃姜可加速血液循环，这就是为什么人们都说吃姜可以温暖身体的原因。此外，人们认为辛辣成分有助于增加食欲。

1 准备嫩姜 4 千克、醋 3.6 升、糖 1.5 千克、盐 300 克。“寿司高桥”选用的是嫩姜。把姜切成薄片，放入开水中。

2 等水再次沸腾后捞出。

3 装在漏勺里控水。

4 在竹筛子上摊开。

5 趁热把水攥干，放进寿司醋中浸泡半天至一天。

用甜醋腌制前

用甜醋腌制后

玉子烧

玉子烧[一]与光物、煮物一起，被认为是江户前寿司中最考验基本功的寿司种之一。玉子烧的调味和烹调都具有难度，因此在日本有“吃过他家的玉子烧，便知那家店好不好”的说法。既有从玉子烧专卖店进货的寿司店，也有坚持传统自己做玉子烧的寿司店。

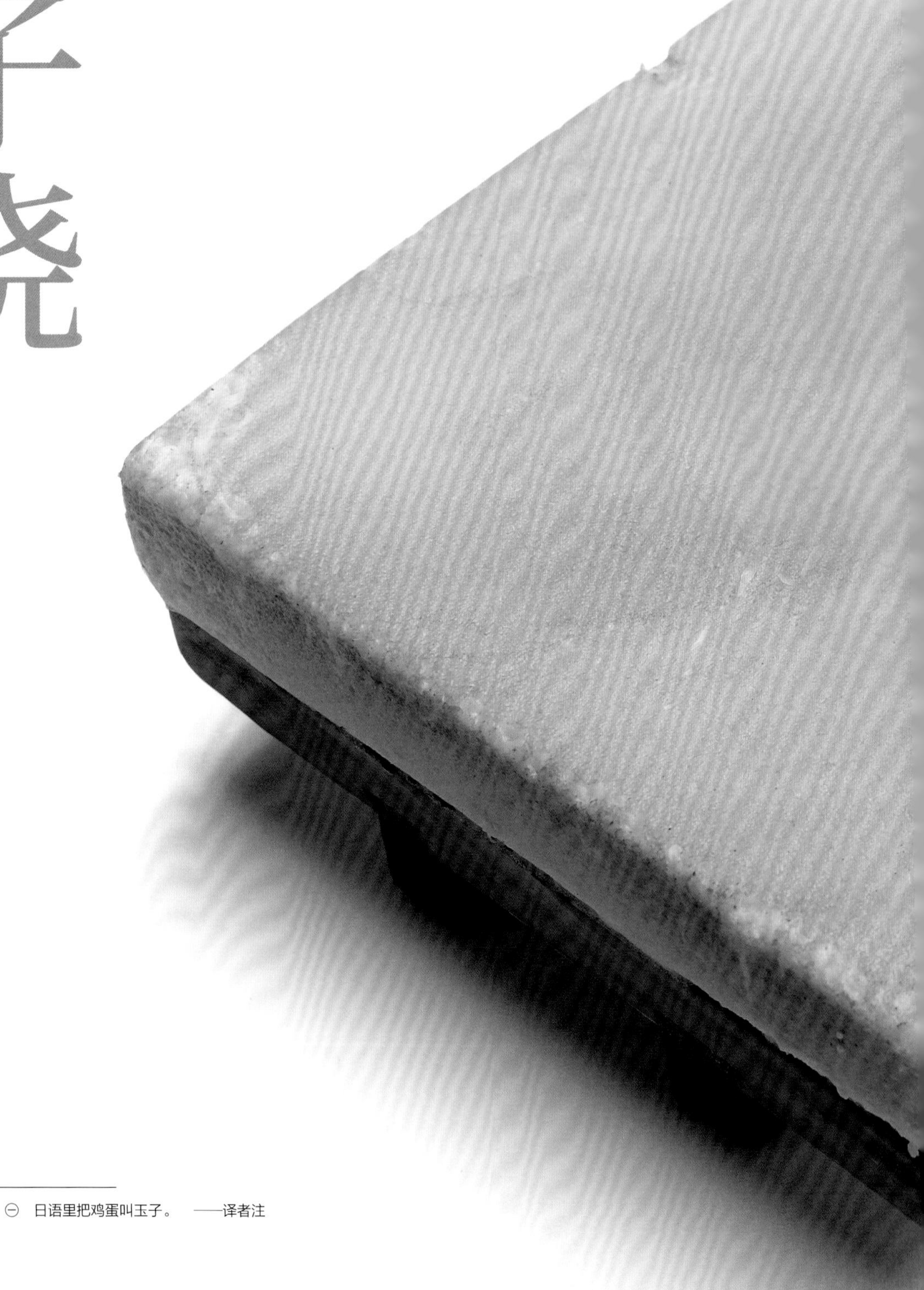

㊀ 日语里把鸡蛋叫玉子。——译者注

不同寿司店内出售的玉子烧味道各不相同，玉子烧是一种非常能体现寿司店理念的食物，有的外采，有的自己做，调味和烹调的方法也多种多样。大部分玉子烧都是厚的，大体上分为“添加鱼糜的”和“不添加鱼糜的”两类。

在江户前寿司中，添加鱼糜、加热至蓬松的玉子烧是主流，不添加鱼糜的做法是日本料理的传统做法。寿司店自己做玉子烧这一现象是相对较晚才出现的。

制作玉子烧一般都使用正方形的专用器具——玉子烧器，但有“少量、逐渐地倒入蛋液，一边卷一边烧”和“不卷，一次性全部倒入蛋液，以玉子烧器塑形”的不同做法。

“寿司高桥”在做玉子烧时是放鱼糜的，经过长期摸索，“寿司高桥”积累了一套制作玉子烧的独家方法。选用虾制作鱼糜，使用破壁机把鱼糜打碎，呈液体状，然后与蛋液混合。把蛋液倒入玉子烧器内，上下分别采用不同的方式加热，经长时间加热制作出蓬松的玉子烧。因为上下所采用的热源不同，做出的玉子烧的上部和下部呈现出两种效果，上半部分像布丁，下半部分像卡斯特拉（一种蛋糕）。两种不同的口感和味道巧妙地融合在一起。

1 把炭放进日本七轮炉（炉下有 7 个通风孔）里，点着。把日本酒、糖、盐放入锅中，煮沸，放入虾。用破壁机打成液体（以下称虾液）。盆中放入鸡蛋、糖、盐、昆布屑、味淋、日本酒，搅拌均匀。

2 放入虾液，搅拌均匀。

3 炉子上放烧烤架，烧烤架上放筷子，筷子上放玉子烧器，让玉子烧器与炉火隔开一定的距离。开小火，用厨房纸吸油后涂擦玉子烧器，在上面涂上薄薄一层油。

4 把第 2 步中的混合液慢慢倒入玉子烧器中。

5 玉子烧器里倒满蛋液，表面有气泡的话，用喷枪破除。把火调至极小。

6 在玉子烧器上方约 20 厘米的高度放烧烤架，架子上放燃烧着的炭。此处非常关键的一点是要把握好玉子烧器与上下热源之间的距离。“寿司高桥”通过在下面放置烧烤架、筷子，在左右放七轮炉、砖头等调整距离。保持这种状态，用极小火加热 30~45 分钟。

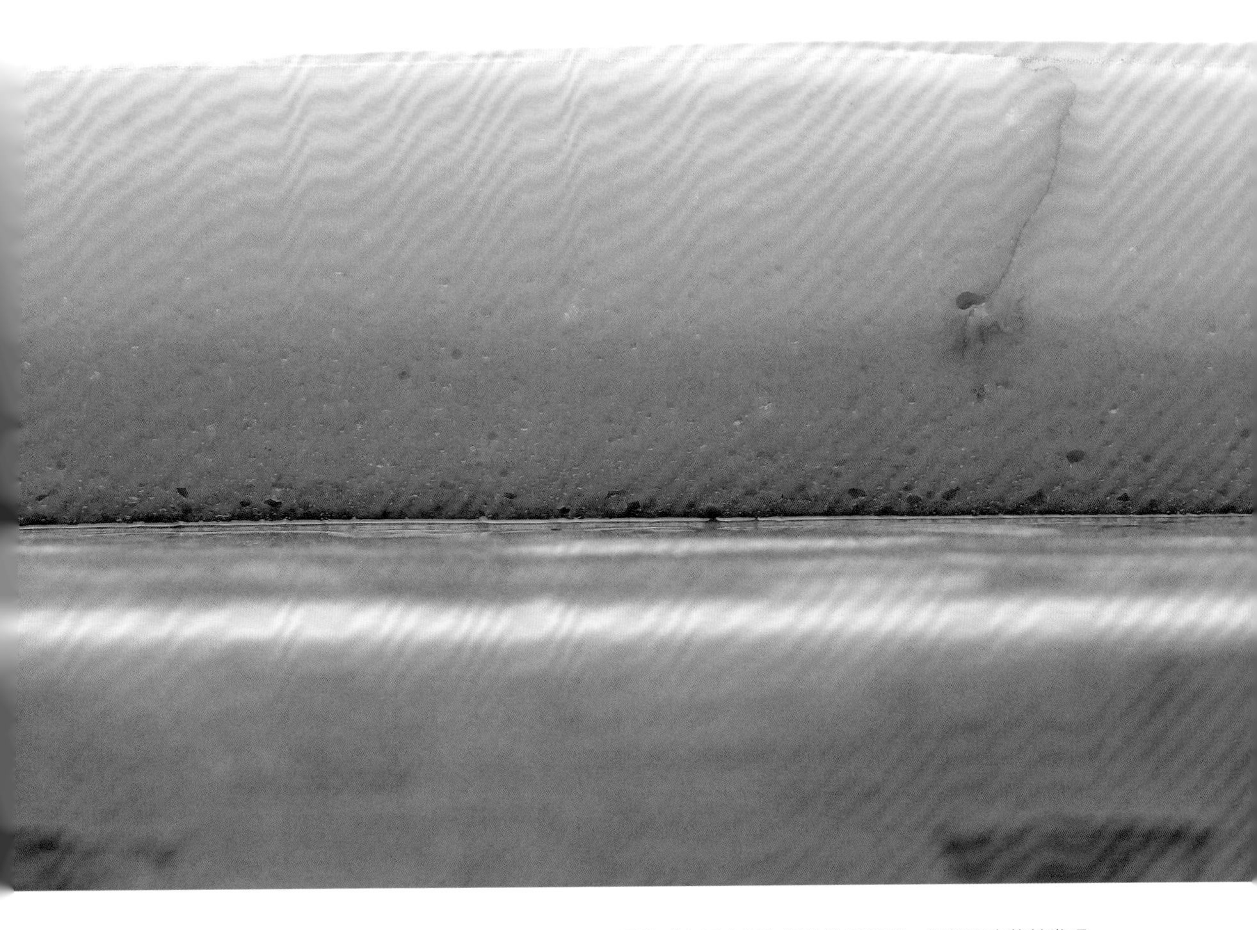

图为“寿司高桥”制作的玉子烧。仔细观察能够发现，玉子烧上下两部分不一样，这是因为使用了上下两种热源进行加热。

寿司店里的加热处理分为煮和烧两种。煮包括煮海鳗、章鱼、皮皮虾，至于烧，玉子烧、烧海鳗（为提升香气，海鳗煮过后再简单烧一下）最具代表性。对于寿司店来说，处理寿司种是前提。寿司职人根据寿司种与寿司饭的搭配情况，酌情对食材进行加热。

玉子烧（以“寿司高桥”的做法为例）

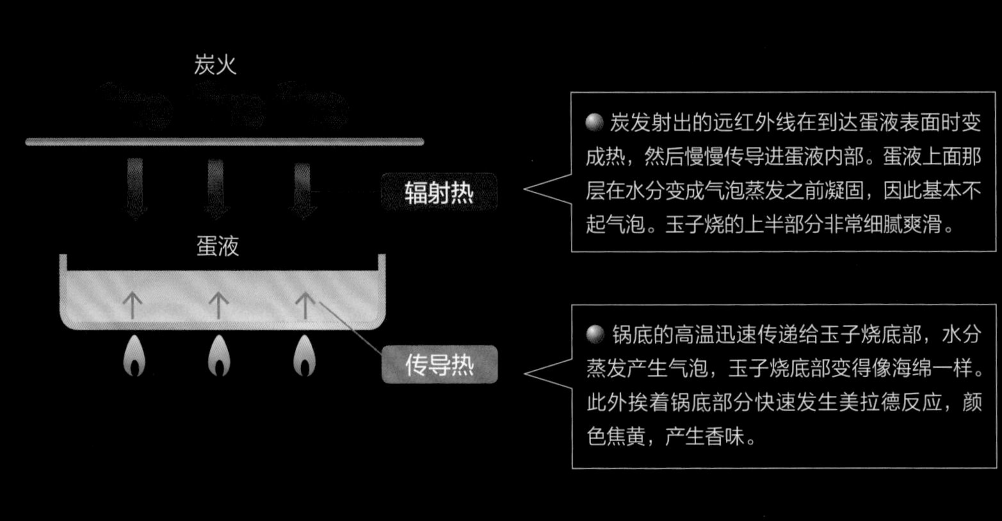

煮

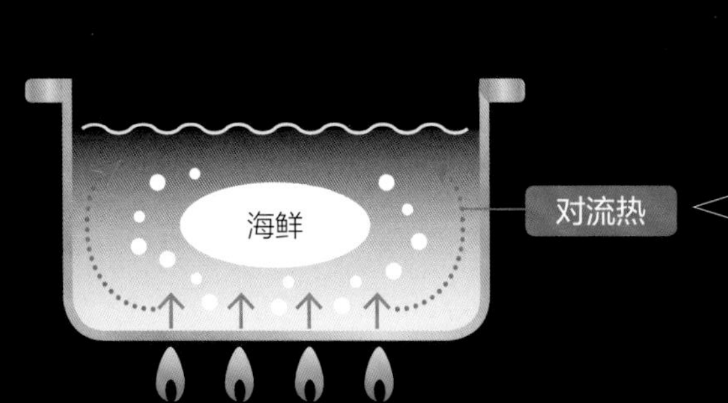

把食材和煮汁放入锅中加热，煮汁自然形成对流，食材正是靠这种对流加热的。等煮汁咕嘟咕嘟煮沸后，传递给食材的热量达到之前的十倍。故而，如果持续用大火煮，食材表面与对流的气泡碰撞，食材表面就煮烂了。压上落盖，防止食材乱动，留意火势强弱，不断调整。

炭火

在炭火传递给食物的热中约 80% 是红外线的辐射热，与燃气的火焰所释放出的红外线相比，炭火放出的多为远红外线。使用远红外线加热，食物能更快地起焦色，表面迅速变熟。此外，炭火的表面温度非常高，达 800~1200℃，这种高温也是令食材产生芳香的原因。

燃气炉（热源：燃气）

燃气与空气中的氧气发生化学反应，散发出热。在氧气充足，燃烧充分时，火焰是蓝色的，当不能进行充分燃烧时，火焰是红色的。燃气炉通过高温空气的对流加热锅底和锅侧面，燃气传递给锅的热传导效率约为 40%。

电磁炉（热源：电）

燃气炉的加热原理是炉周围高温的空气通过锅加热食材，与之相对，电磁炉加热则是直接让锅底发热，然后由锅底直接把热传递给锅内。因此，电磁炉加热的热传导效率约为燃气炉的两倍，达到 80%~90%。

寿司店里鸡蛋的做法

江户时代后期，鸡蛋开始作为滋补品进入大众食谱，那时鸡蛋的做法就已经有一百多种了。放眼世界，鸡蛋的做法多种多样。寿司店里，鸡蛋不仅用于卷玉子、厚烧玉子，茶碗蒸也离不开鸡蛋。

鸡蛋的构造

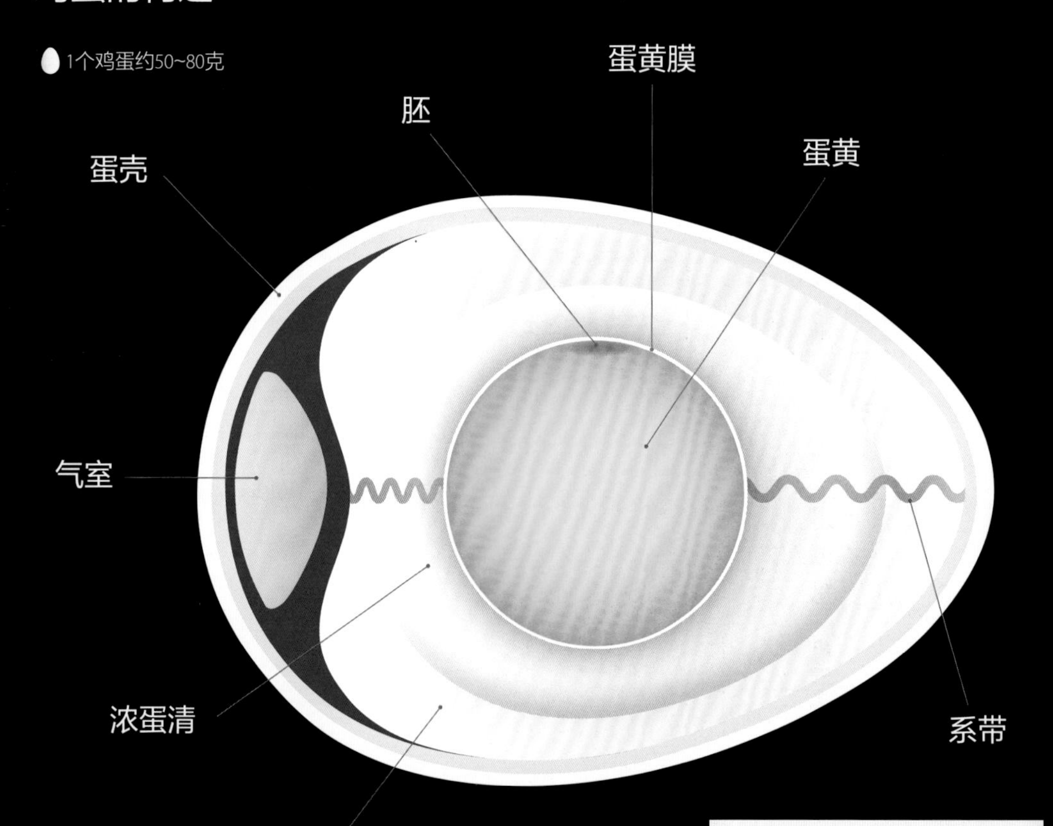

系带

系带是连接蛋壳内侧膜和蛋黄的螺丝状纽带，它牵着蛋黄，具有固定蛋黄位置的作用。

【蛋清的成分】

蛋白质 10%

水分 90%

【蛋黄的成分】

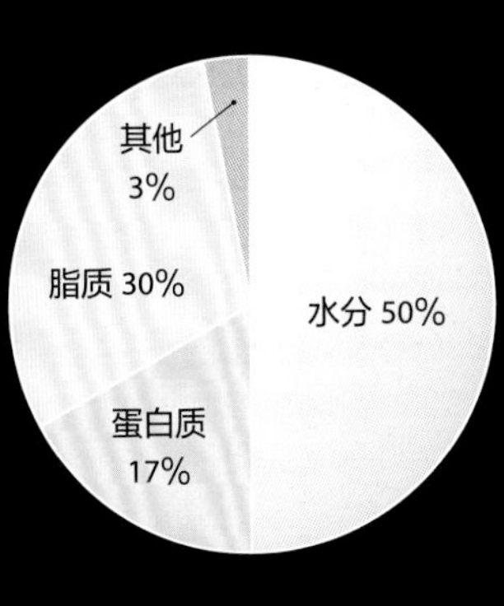

蛋清中 90% 是水，不含脂质。蛋黄含有脂质，蛋黄脂质中约 20% 是名为“卵磷脂”的物质。卵磷脂具有使原本不能相溶的水和油融合乳化的特性，是天然的乳化剂。蛋清和蛋液之所以能混合在一起成为蛋液，蛋液中加出汁能起到稀释作用，都与卵磷脂的乳化作用有关。要将这两种特性不同的物质混合在一起，搅拌方法非常重要。

鸡蛋的特性 1 能与出汁混合

鸡蛋具有遇热凝固的特性，人们利用这一特性，在鸡蛋中加入出汁，制出卷玉子、茶碗蒸等菜品。

就鸡蛋的结构而言，蛋壳像胶囊一样把蛋清和蛋黄包裹起来（参照 152 页）。蛋黄和蛋清的成分不同，特性也不相同。浓蛋清和稀蛋清的导热速度不同，如果不搅拌均匀，加热后效果不佳。“寿司高桥”使用打蛋器搅拌，就像“切”蛋清一般，把空气打出来。因为如果蛋液中空气太多的话，加热后不蓬松。然后加入出汁，再用过滤器过滤一下，使蛋液更加均匀。这样做出的鸡蛋非常细腻。

蛋液与出汁的比例

	蛋液		出汁
卷玉子	3	:	1
茶碗蒸	1	:	3

鸡蛋的特性 2 起白色的泡泡

蛋液和鱼虾糜搅拌均匀，静置加热，做出松软可口的卡斯特拉式厚烧玉子，这是一道继承了江户前传统的鸡蛋料理。一般做法是在鸡蛋、鱼虾糜中加入糖、盐、充当黏合剂的山药，也有用三温糖或味淋代替糖，或不添加山芋的。各家店潜心研制自己的特色方法，制作出富有特色的厚烧玉子。还有的店追求像甜品那样的极致口感，把起泡的蛋清做成蛋白酥皮后加入蛋液中。

蛋清具有起泡的功能。如果是普通的水，无论怎么搅拌都不起泡，这是因为水分子具有强有力的凝聚力，它们紧密地聚在一起，即便有空气进入，水分子之间的强大凝聚力也会使空气的气泡碎掉。

鸡蛋的特性 3 遇热凝固

蛋清变白凝固是蛋白质的性质所致。在某种意义上，甚至可以说鸡蛋是蛋白质的代名词。蛋白质的结构复杂，遇热结构发生改变（叫作“变性”），凝固在一起。

另外，加热蛋黄和蛋清，它们各自的凝固状态是不同的。

当往玉子烧器中倒入蛋液时发出滋滋的响声，此时玉子烧器表面的温度达到 150℃左右。

【陈鸡蛋和新鸡蛋】

鸡蛋越新鲜，浓蛋白越多，敲开蛋壳时，蛋黄和蛋清一起往外冒。刚下的蛋呈弱碱性，放的时间越久，蛋清的碱性越强。蛋清中含有氨基酸，而氨基酸中含有硫黄，加热后硫黄分解，生成一种名叫硫化氢的物质。煮鸡蛋时会闻到一股温泉的味道，这其实是因为正在产生硫化氢。鸡蛋如果煮得时间过长，蛋黄会发黑，这是因为蛋黄中所含有的铁与硫化氢结合生成了暗绿色的硫化铁。

碱性增强，硫化氢容易挥发，因此比起新鲜的鸡蛋，放置时间长的鸡蛋硫化氢容易挥发，蛋黄容易发黑。

此外，碱性增强后贴在内侧膜上的蛋清减少，鸡蛋煮熟后更容易去皮。

【蛋清和蛋黄的凝固与温度的关系】

温度	蛋清的状态 *	蛋黄的状态
55°C	液体、透明，基本没有变化	没有变化
57°C	液体，轻微变成白色混浊状	没有变化
59°C	乳白色、半透明、果冻状	没有变化
60°C	乳白色、半透明、果冻状	没有变化
62°C	乳白色、略微半透明、果冻状	没有变化
63°C	乳白色、略微半透明、果冻状	稍微有一点黏性
65°C	白色、略微半透明、果冻状 略微有些流动的状态	具有黏性的柔软糊状
68°C	白色的果冻状，略微凝固	具有黏性的硬糊状，半熟状态
70°C	略微具有一点软软的形状，部分凝固、部分液体	具有黏性的糊状，半熟状态
75°C	略微具有柔软形状的凝固状态，没有液体	具有弹力的橡胶状，硬半熟状态，颜色稍微变白
80°C	完全凝固，变硬	略微有点黏性，黄白色
85°C	完全凝固，变硬	基本失去黏性和弹性，白色增强

* 将蛋清和蛋黄分开，各取 5 克分别放入试管，将试管放入 55~85℃的热水中 8 分钟，将观测到上述变化。

摘自佐藤美秀著《创造美味的“热”的科学》（柴田书店）

鱼松

鱼松是将鳕鱼等白肉鱼和虾等制成肉糜，然后用锅煎制而成。制作鱼松是江户前寿司久已有之的传统项目，鱼松对于精美的装饰寿司而言也是不可缺少的食材。

经常用来做鱼松的是脂肪含量低的白肉鱼、虾等，以前鱼松所使用的材料决定了一家寿司店的级别，虾是最高级的鱼松食材。鱼松不仅是散寿司、寿司卷的颜色担当，在味道方面与水针鱼、春子鲷等也非常搭。按照传统的江户前寿司制法，人们在上述寿司种和寿司饭之间放一层鱼松。

白肉鱼和虾的纤维粗且脆，加热容易碎。因此人们把白肉鱼和虾做成肉糜，混合调味汁后放入锅中煎烤，一边加热一边用饭勺等慢慢搅拌，防止肉糜结块或结疙瘩。根据火力大小时长会有所不同，一般来说加热约 20 分钟后，颗粒细腻分明的鱼松便做好了。用鳕鱼制作的鱼松是白色的，因此有人在里面添加红色素，用虾制作的鱼松本身就带有漂亮的淡红色。

“寿司高桥”在虾肉糜的基础上加入鸡蛋，做出的鱼松是黄色的。此外，还有江户前寿司的经典项目“黄身醋鱼松”，做法是：在蛋黄占绝大部分的蛋液中加醋，搅拌均匀，醋引发蛋白质发生变性，放入锅中煎至极细的碎屑颗粒，漂亮的黄色鱼松就做好了，常用来制作春子鲷的握寿司。

“寿司高桥”的鱼松制作方法

虾鱼松

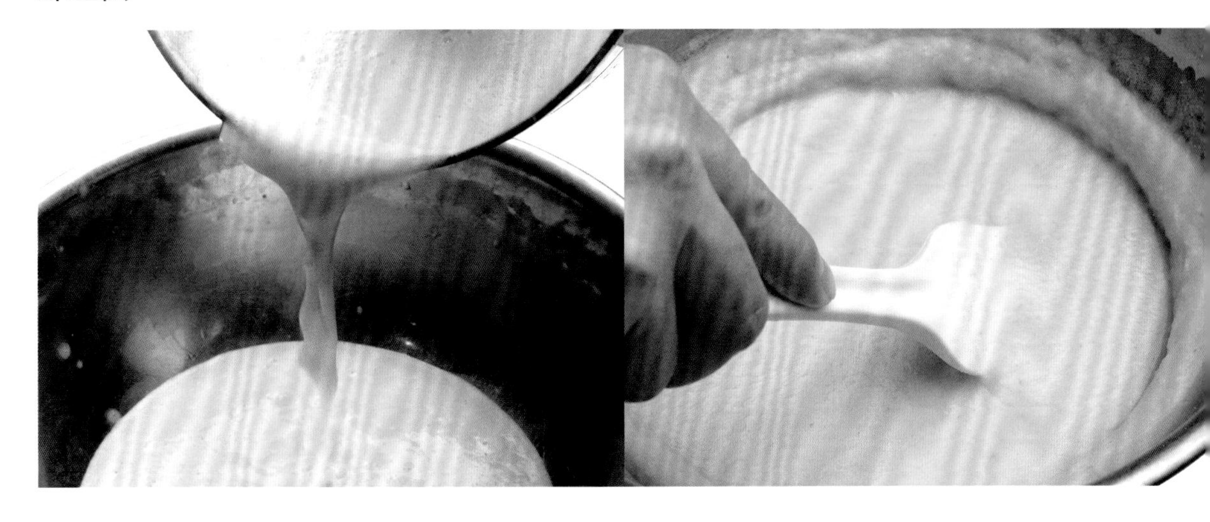

1 锅中放入日本酒、盐、糖，开火加热，烧至沸腾。加入虾，稍微加热后盛进漏勺，使用打蛋器打成液体状。

2 倒入盆中，加热至80℃左右，加热过程中一直用抹刀搅拌，直到黏稠并且手上感到阻力的程度，倒入锅中，加入蛋黄。用文火慢煎，一边加热一边用五根筷子搅拌，直至变成碎屑状。

黄身醋鱼松

盆中放入蛋黄、整蛋、糖、醋，一边用抹刀搅拌，一边加热至80℃左右。蛋白质在醋的作用下发生变质，液体凝固，变成照片中的状态。然后倒入锅中，文火加热，用五根筷子搅拌，直至变成碎屑状。

干瓢

提到海苔卷基本指的就是干瓢卷，干瓢虽不是海鲜，但在江户前寿司领域中有着不可替代的位置。海苔的香味、干瓢的甘甜与寿司饭的酸爽清新有机结合，浑然一体。干瓢与玉子烧一样，追求的都是那一口极致的味道。

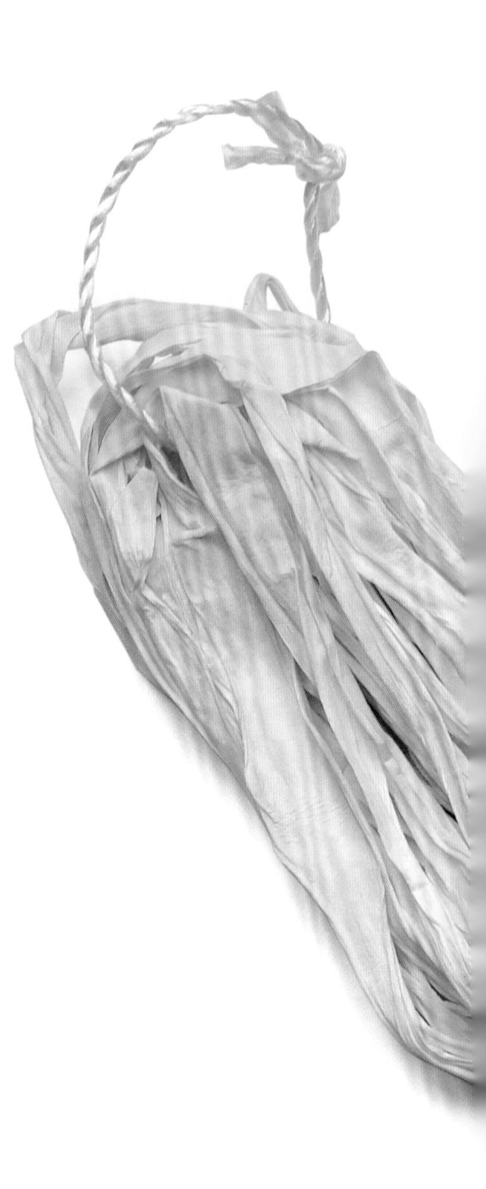

所谓干瓢，是把葫芦的果肉像削苹果皮那样削成又长又薄的带子，晒干后制成的。日本全国 90% 以上的干瓢均产自栃木县，高品质的干瓢呈白色，有光泽，又厚又宽，有一种甜甜的香味。为了保存和漂白，人们使用用于红酒保鲜的亚硫酸处理干瓢，如今市面上卖的干瓢基本都是经亚硫酸处理过的，未经漂白处理的天然干瓢很少，没有特殊途径根本买不到。

通过水煮（先在水中浸泡 5 分钟，然后煮 10 分钟），可以把亚硫酸的含量降至原来的 1/30 左右。

泡干瓢时需要用到盐，用盐后能破坏干瓢的细胞组织，不但吸水性更强，还更容易入味。

每年的七八月份收获葫芦，
此时葫芦的含水量高达 95%。

削成厚度约二三厘米的长条。

晾晒，直到水含量降至 20%~30%。
* 漂白时使用亚硫酸。

（图片出处：枥木县农业振兴课）

1 把干瓢放入水中，泡一宿，泡好的干瓢，重量是干的 2.5 倍。控干水，放入盆中，加入 20% 的盐，不断用手抓起搅拌，直到把盐吸收。

2 用水冲洗干净后攥干。锅中放水，放入干瓢加热。中途添加两三回水，待煮到颜色变透明，能掐断的程度，用漏勺捞出，沥干水分。

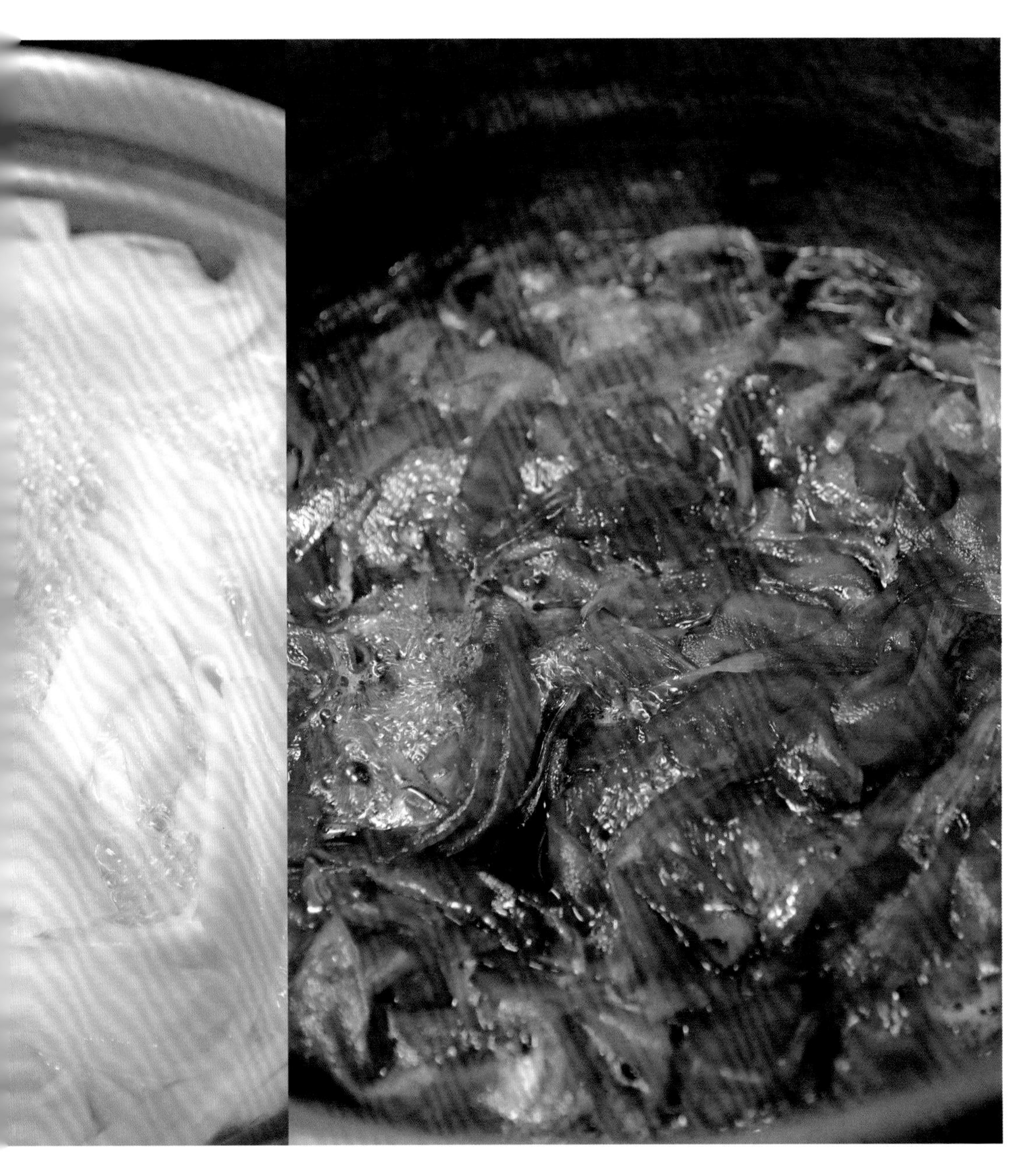

3 锅中按照 3:3:2 的比例加入砂糖、粗糖、酱油，煮沸后放入沥干的干瓢，炖煮至入味。

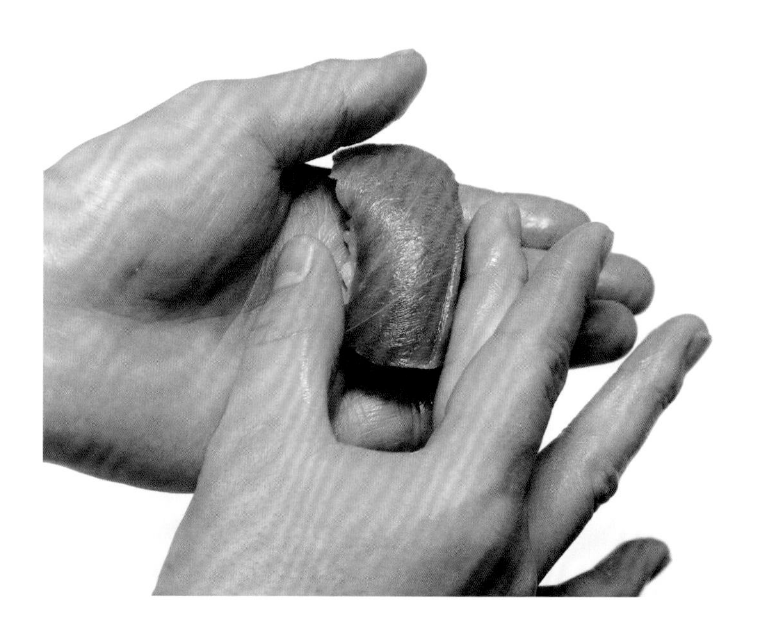

[第 4 章]

握

Shaping

握

制作寿司过程中最华丽的一步就是“握”。
在客人面前站立、握、交给客人，一气呵成。
制作的寿司松软程度适中，用筷子夹不散，
但一入口即可散开。
为了连续制作出具有完美形状的寿司，
每一步都需要倍加用心。

当寿司职人站在操作台，在客人面前握寿司时，是他工作中的高光时刻。职人的举手投足、一举一动客人都尽收眼底，让期待变得更强。不同的寿司职人握的方法会有所不同，但用优美的姿势快速利索地握出形状漂亮的寿司是大家共同的追求。握一个寿司所需的时间是以秒为单位计算的，但它背后是数小时的精心准备和练习。

作为一名寿司职人，他的任务不是握出一个完美的寿司那么简单，而是把大量各种各样的寿司制作得形状和大小都一样。为此，寿司职人需要像运动员那样训练标准姿势，其间不乏修行的意味。

たかはし

操作台

煮诘
玉子烧
手醋
煮切
寿司饭
山葵
筷子

饭桶

提到日本的传统保温罐非饭桶莫属。把加工好的寿司饭放进饭桶里，
能保持与人体肌肤相同的温度。寿司店多使用木质饭桶，
因为木质饭桶不仅具备优越的保温性能，还能防止米饭变干燥，
此外，木材独特的香味也为米饭增色不少。

为了给寿司饭保温，寿司店一般使用木质的饭桶，其正式的名称是“饭柜”。“柜”指带盖的盒子，除了饭柜，经常使用的词还有“米柜”。

人们把准备好的大量寿司饭放进饭桶保存，也有人选择用稻草编织而成的饭桶。先把做好的大量寿司饭放进保温罐，每次用多少拿出多少放进小饭桶中，握寿司时把小饭桶放在手能够到的地方，最近这样做的店比较多。

寿司店使用的饭桶基本是用桧木或杉木做的，这种饭桶不但与木质的操作台很搭，还能保温、防止干燥，它的木材芳香也是人们选用的原因之一。

饭桶的养护

最初

刚买回来的饭桶有一种独特的味道，在饭桶中倒入热水，水中加入两三杯醋，浸泡 2~3 小时。然后用水冲洗干净，擦净。异味就去掉了。

每日保养

使用前用拧干的湿毛巾把饭桶内侧擦干净；使用后，根据需要可使用中性洗涤剂洗刷，放在通风处自然风干。应避免阳光直接照射，那样会造成饭桶急剧快速干燥，发生收缩。饭桶上有时会长“YANI”，这是天然木材所特有的黏液，对人体无害，如果介意可以用消毒酒精擦掉。

保存场所

如果长期不用饭桶，应用纸或布把饭桶包好后保存。把饭桶放在干燥、温度变化不大的地方保存。不要把盖子盖严，盖子要打开，饭桶用纸或布包好后保存。

去霉菌

使用过程中如果饭桶发霉，可以用盐轻轻擦拭。盐具有研磨功效，如果用力过大会破坏木质的柔软部分，使表面起毛。

除异味

感觉饭桶有异味时可以跟最初那步一样，在饭桶中倒入热水，水中加入两三杯醋，浸泡 2~3 小时。然后用水冲洗干净，擦净，异味就没了。

铁箍（Taga，箍在桶外面的圈）松动

木头干燥后铁箍会脱落。木头太干燥导致铁箍发生松动，此时可以用手把铁箍调整回原位置，固定住，然后把饭桶泡进水中，待它吸收足够的水分再次膨胀起来。如果这样不管用，就重新挑一个更紧的地方套上铁箍，然后放进水中让木头吸饱水膨胀。

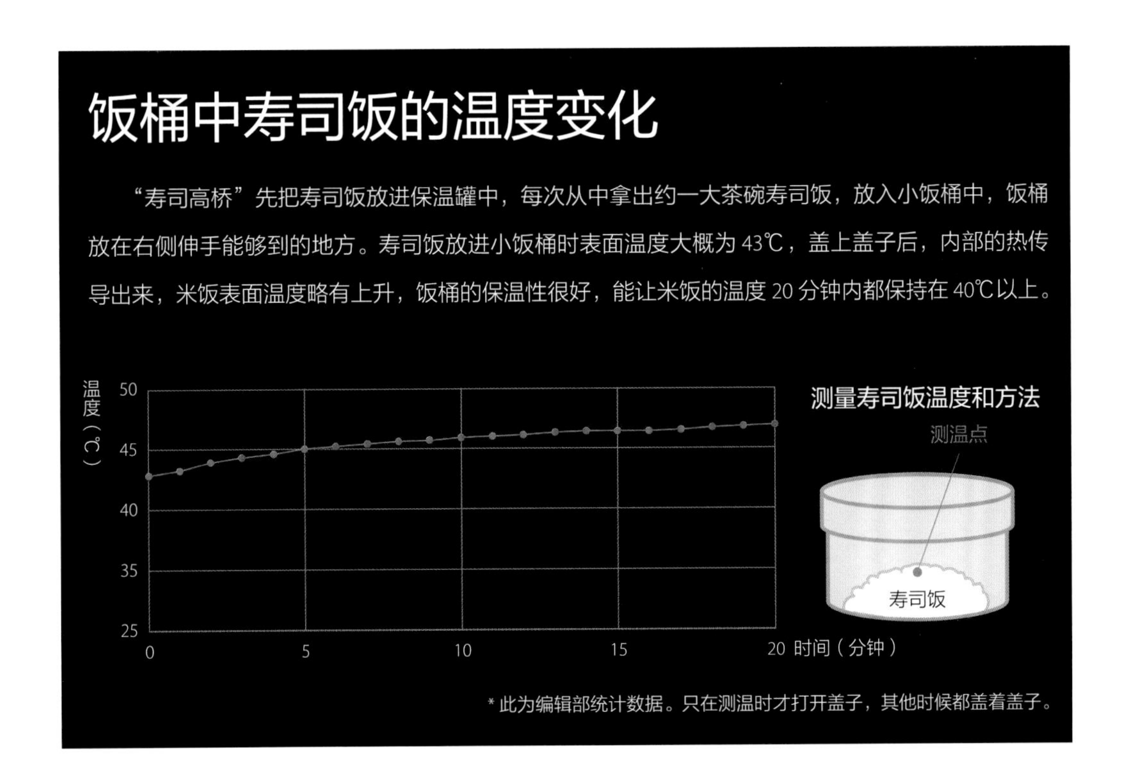

切片

把处理好的鱼块切成寿司种大小的片，称为切片。鱼片的大小要与寿司饭相称，既不能太大也不能过小，切片环节决定了寿司种放到寿司饭上的美感。基本是斜着下刀，刀刃方向与鱼肉纹理（纤维的方向）交叉，此时也决定了鱼片的厚度。在即将切断之前，把斜着的刀立起，让刀刃垂直于案板，这步操作称为“反刀”。使用单刃刀能切出漂亮的棱角，这种棱角可以为寿司增添美感。

切片环节除了形状要切得漂亮，还要根据鱼的具体情况灵活决定切法。如不同种类、同一种鱼的不同时节和产地都会影响鱼的肉质，根据这些差异有针对性地下刀也是必须注意的地方。脂肪的多少、肉质的软硬程度等，寿司职人需要在极短的瞬间通过眼看手摸快速做出判断，然后决定把鱼片切成多厚，使用什么刀法切。如果是脂肪含量低、肉质清爽的初鲣鱼就切成厚片，如果是脂肪层厚的洄游鲣鱼则切成薄片。切片工作非常需要寿司职人的经验和感觉。

金枪鱼切片

1 使用柳刃刀刀鄂处，斜着下刀，让刀和金枪鱼的纹路交叉。

2 拉动刀身，快要切断时把刀立起，使刀刃与案板垂直。

本海松贝切片

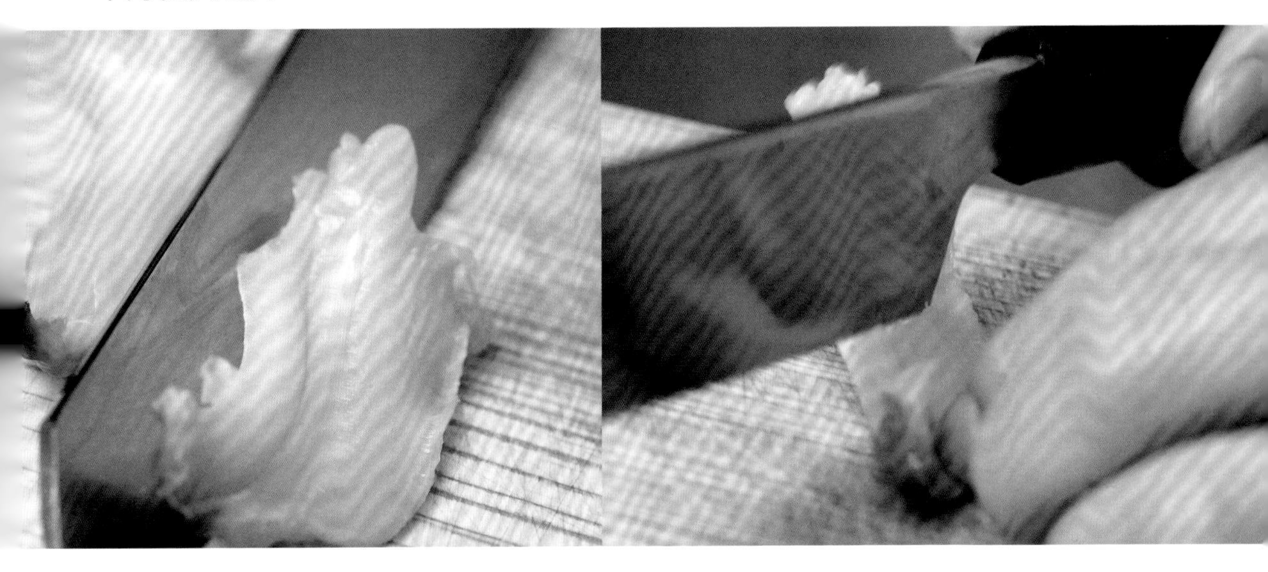

1 把贝肉竖着切成两半，又细又尖带颜色的部分不切掉。

2 用刀的根部剞花刀。

红鲷鱼切片

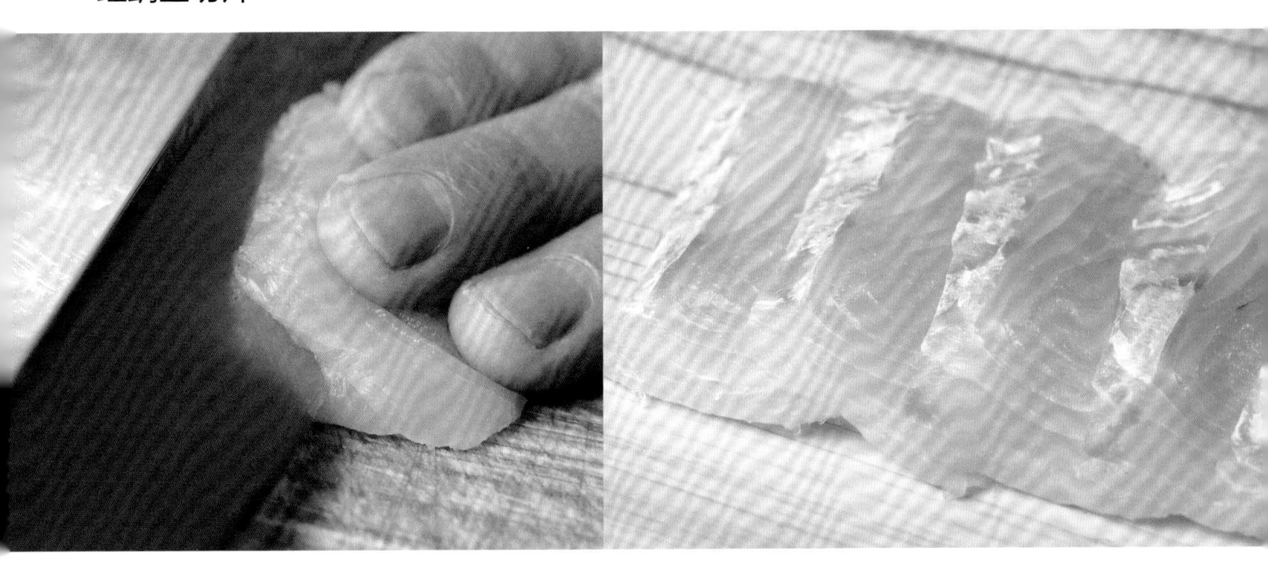

1 斜着下刀，让刀与纤维方向交叉，这刀下去决定了寿司种的厚度。即将切断之前将刀竖起，刀刃与案板呈垂直状态。

2 需要多少切多少，排列整齐备用。

握的操作方法

想要顺利开展握的操作方法，先把准备工作做到位是前提。

把寿司饭、米饭、山葵、煮切等必要的东西在伸手能够到的地方放好，毛巾叠整齐，案板时刻保持清洁。毛巾预先用手醋弄湿，拧干。手醋是用同等比例的水和醋兑成的，用来沾手，以便让手保持湿润，避免寿司饭粘在手上。手沾上水或油后直接用毛巾擦掉。因为是在做生的食材，时刻保持清洁非常重要。

1 把盛着山葵的碟子放好，毛巾叠好放在手前，切成片的寿司种放置在身体中心的略左前方。

2 右手中指蘸取少量手醋。

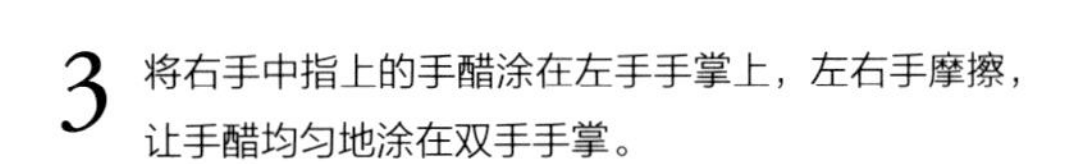

3 将右手中指上的手醋涂在左手手掌上，左右手摩擦，让手醋均匀地涂在双手手掌。

4 右手从饭桶中取出一个寿司所需的寿司饭量（关于寿司饭的重量，一般寿司约 12 克，军舰卷 11 克，虾寿司 8 克），在手中轻轻地揉搓，让寿司饭初步成型。同时，左手的大拇指和食指的指间捏住寿司种一端，将寿司种放在手指第二个关节处。

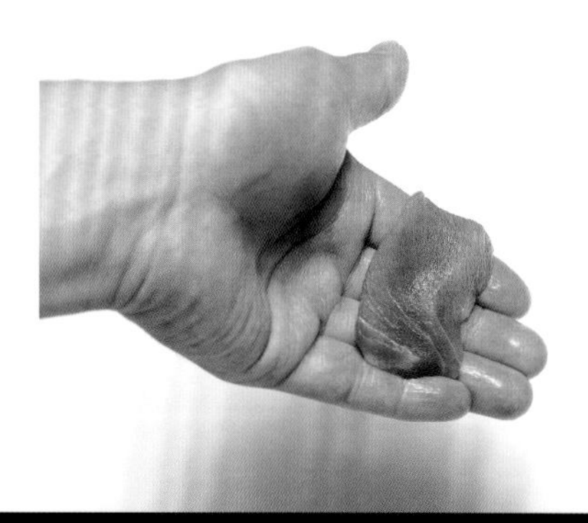

5 寿司种放置在左手手指第二个关节处。右手的中指、无名指、小拇指把寿司饭握紧。

6 右手握紧寿司饭。

7 左手握住寿司种的同时，右手的食指取山葵。

8 托寿司种的左手手指轻轻分开极小的缝隙，手指握成半圆形。在寿司种的中间涂上山葵。

9 在寿司种上放寿司饭，此时可以调整寿司饭的多少。

10 用左手的大拇指按寿司饭的中央部位，然后再把右手的食指和中指伸开，按在寿司饭上。

11 变换位置，让寿司种朝上。

12 用右手伸开的食指和中指按寿司种，同时用左手的手指和指甲轻按寿司左右两侧。

13 用右手顺时针旋转寿司。

14 用右手的大拇指和中指按压寿司左右两侧。

15 用右手的食指按压寿司种的上方。

16 用右手顺时针旋转寿司。

17 再次用右手的大拇指和中指按压寿司左右两侧。

18 在把寿司递给客人之前先在案板上放一下，调整形状。

19 内含空气、米粒松软但不散的寿司就做好了。

寿司

如今寿司已跨越海洋，走向世界，受到世界各国人们的喜爱。
寿司主厨出现，多样性极大丰富，
多种多样的寿司种类让寿司圈越发热闹、繁荣。
但是变与不变有着和谐的平衡，
寿司“职人”巧妙运用久已有之、
代代传承下来的方法制作的握寿司、
寿司卷等传统寿司虽然简单，但有着不可撼动的地位。

寿司能体现制作者的个性。“寿司高桥”的高桥润用一只手的手指托寿司种，另一只手的手指取寿司饭，小心地将左右合在一起，瞬间寿司便成型了。做出的寿司小巧、形正，短时间放置不变形，但入口后一咬即散掉。使用脂肪含量高的金枪鱼大肥制作寿司时选用温度稍微高一点的寿司饭；使用红鲷鱼、牙鲆鱼等脂肪少的寿司种制作寿司时选用温度低一点的寿司饭。饭桶中不同位置的寿司饭之间，温度存在微妙的差异，寿司职人在制作过程中需要充分调动手指对温度的感受和经验。将寿司饭和寿司种合在一起后寿司的个性和特点才得以展现，这一步往往给人留下深刻印象。那是高桥润长期积累经验后所形成的形式，但是高桥润说以后可能还会变，因为寿司不是单纯把米饭和鱼肉握在一起那么简单，一块小小的寿司上交织了太多的技术、知识和经验。

做寿司虽然只是将寿司种握在寿司饭上，看起来如此简单，
但把寿司做得外形、口感、味道俱佳，
给寿司赋予鲜明个性才是寿司的真正魅力和深层趣味所在。
接下来让我们通过高桥润的讲解去了解他制作的每种寿司。

红鲷鱼

论优美的外形、华丽的色彩、深邃的味道，不管从哪方面来讲，红鲷鱼都算得上鱼中王者。我们店只在每年 2~4 月的初春时节供应红鲷鱼寿司，这个时期的红鲷鱼体肥强壮，刚处理过的鱼肉有着爽脆的口感，充分熟成后则给人一种与寿司饭充分融合、浑然天成的感觉，脂肪也刚刚好。熟成方法是：先将鱼头剁掉，把鱼身连同鱼头一起装进真空袋中，敷上冰。鱼的大小不同，熟成所需时间也不一样，4 千克左右的鱼需要在冰箱中冷藏 5~6 天。经熟成处理后的应季红鲷鱼味甘，做成寿司后搭配酱油吃，如果作为下酒菜的话，也可以放点盐直接吃。

牙鲆鱼

要说冬季白肉鱼的代表，非牙鲆鱼莫属。特别是寒冷时节捕到的寒牙鲆鱼，皮下脂肪层不多不少刚刚好，香味也佳。独特的口感、淡淡的甘甜、深邃的味道让它成为一种品质较高的食材。牙鲆鱼以前在东京湾也能捕到，如今已不见踪影，市面上流通的牙鲆鱼大多产自青森县、福岛县的常磐附近。

从上方看牙鲆鱼，一侧是黑的，一侧是白的，两部分肉质不同。黑色的一侧肉厚饱满，白侧的一侧脂肪丰富。牙鲆鱼的缘侧部分也多，不同的店根据自身喜好选择使用不同部位的肉，我们店使用白色部分。做熟成处理时，将鱼切成两半，不去头，放进泡沫盒中用冰镇上，放置三四天。也会做昆布缔处理。

春子鲷

春子鲷又叫“春之子”“春子”，如字面意思所示，指产自春天的鲷鱼的幼子。身长 15 厘米左右的幼年真鲷、血鲷、连子鲷统称为春子鲷。春子鲷是很有春天感的食材，这不但反映在它的名字上，还因为它的沙拉色和外形，让人自然而然联想到春天。春子鲷肉质柔软，可以带皮吃，因此从分类上来讲，它不属于白肉鱼，而是光物。我们店只选用新鲜的春子鲷，进货后马上进行加工处理，焯水备用。经过焯水处理的春子鲷可以带皮吃，食客从中品尝到鱼皮原汁原味的清香和味道。一个小小的春子寿司上集合了柔软的肉质、清爽的口感，以及浓浓的季节感。寿司饭和寿司种之间夹醋鱼松。

鲽鱼

鲽鱼是夏季白肉鱼的典型代表，寿司中使用的是星鲽鱼和横滨拟鲽。星鲽鱼（我国俗称花豹子、花边爪）的捕获量很小，甚至被称为“幻之鱼”，寿司店中使用的大多是横滨拟鲽鱼（又叫黄盖鲽，中国、日本、朝鲜沿海均产）。横滨拟鲽鱼的一大特点是肉质紧实，因此一般熟成后再食用。做熟成处理时，鲽鱼不去头，放进泡沫盒里，用冰镇上 3~4 天。也可以做昆布缔处理。

金枪鱼 / 中肥

金枪鱼被人们称为江户前寿司的主角，其中尤以脂肪含量适中的“中肥”最为突出，其红肉与脂肪之间的绝妙层次极具美感，肉质柔软，具有入口即化的感觉。不同季节能见到不同产地出产的金枪鱼，种类多种多样，其中质量最好的是每年 9~12 月近海出产的金枪鱼。此时的金枪鱼强壮有力，在冰箱里冷藏 10~14 天，待鱼肉熟成后，美味得以更好地释放。加工处理和熟成基本决定了金枪鱼的味道。在做加工处理和熟成处理之前，应与出售金枪鱼的专业商家充分沟通，然后决定进什么样的货，熟成到什么程度最佳。其实鱼本身的质地是根本，鱼自身品质不佳，再怎么熟成也是徒然，不会因此变得好吃。一般来讲通过水分含量、硬度、脂肪含量等方面综合判断金枪鱼的品质。我个人认为，比起新鲜的鱼肉，颜色略深的金枪鱼更美味。

金枪鱼 / 大肥

大肥的脂肪含量很高，堪与霜降牛肉媲美。入口瞬间即化，然后在嘴里留下丰润的美妙味道。大肥属于最高级的一类寿司种。虽然都是大肥，不同部位的鱼肉，在味道和口感上也存在差异。人们根据个人喜好从霜降部位、筋多的部位、介于两者之间的部位进行挑选，但我认为大肥其筋的柔软质感是不应错过的。话虽这么说，但寿司店只用那一小部分做寿司并不现实，因此我们在最初加工和处理鱼时要充分预设客人的喜好，尽量按照客人的个人喜好提供不同部位。切的方法也有区分，霜降部位口感强，因此会切得薄一些，柔软的部位切得厚一些。寿司饭的温度也有讲究，以刚好能使寿司种的脂肪熔化为宜。

鮨 たかはし

金枪鱼 / 赤身

金枪鱼赤身以前是寿司种里金枪鱼的代名词，如今已经被中肥和大肥夺取了主角的位置，但是赤身有其独特的魅力，它那湿润细腻的肉质和带有一丝铁的味道的深邃鲜味是大肥、中肥和其他鱼类所没有的。赤身的不同部位在口感、味道上差异很大，寿司店都是分开使用的。靠近上面血合部分的肉质柔软、味道浓厚，直接拿来做成赤身寿司；挨着中肥部分的筋很明显，口感十足，职人根据具体情况将其腌制后做成腌金枪鱼寿司。赤身与金枪鱼的其他部分一样，比起漂亮的红色，颜色更深一点的红黑色味道更好。

腌金枪鱼

将金枪鱼赤身浸泡在煮切酱油中制成腌金枪鱼，这种做法诞生于没有冰箱的时代，它以紧实的肉质和腌渍后的鲜美味道博得人们的欢迎。用来制作腌金枪鱼的是赤身部分，选择赤身中筋多、口感强的部位进行腌制。腌金枪鱼是随用随腌的，动手做寿司之前先将金枪鱼切片，放进煮切酱油里腌制 10 分钟，然后用厨房纸将煮切酱油擦掉，握成寿司后再在上面涂一层煮切酱油。虽然腌制时间只有 10 分钟，但这足以赋予金枪鱼黏糯的口感。

鲣鱼

春季的初鲣鱼和秋季的洄游鲣鱼，这两次美味是人们每年都期待的。洄游鲣鱼的脂肪含量高、香气浓，春季的初鲣鱼则具有脂肪含量适中、香气清淡的特点。不管是春季的初鲣鱼还是秋季的洄游鲣鱼都需要用燃着的稻草烤一下表面后再制作成寿司。初鲣鱼的香味很淡，为了避免让稻草的香味遮掉鱼肉本身的香味，只需稍微烤一下即可。鲣鱼寿司单独吃就很好吃，当然搭配相宜的葱、甜姜等口感更清爽。

沙丁鱼

初秋时节，沙丁鱼特别是北海道出产的沙丁鱼脂肪含量适中，入口即化，具有独特的香味和口感。鲜度就是沙丁鱼的生命，因此沙丁鱼基本是当天进货当天吃完的。我曾经有过这样的经历：我把在最好的季节出产的特别好的沙丁鱼放了一晚上，第二天就坏掉了。沙丁鱼中的美味物质脂肪分布在鱼的全身，入口瞬间即化。沙丁鱼给人大众食材的印象，但实际上每年都在涨价，是一种让寿司店想哭的食材。

大竹荚鱼

呈天然淡粉色的大竹荚鱼是一种美丽的寿司种，在夏季迎来盛渔期的野生大竹荚鱼非常稀有，捕获量低、价格高昂，是十分珍贵的食材。

优质大竹荚鱼的肉中含有一定的脂肪，兼具湿润的口感和甘甜的味道。寿司店一次买一整条鱼，做熟成处理。新鲜的大竹荚鱼拿来直接生吃也很好吃，但是由于肉质太过筋道，反而与寿司饭不搭，因此我们会放置几天再用。放置过程中脂质会转移，需要对此格外留意。

竹荚鱼

在夏季迎来盛渔期的竹荚鱼随着脂肪的增多变得更加美味，肉身也逐渐丰满厚实起来。每年从 5 月中旬到秋天的这段时间，市面上能见到各种各样的竹荚鱼，其中尤以夏季产自鹿儿岛出水的鱼最佳，脂肪含量适中，口感柔软，是光物中与寿司饭最搭的一种。将浅葱（细香葱）与红姜混合，搭配竹荚鱼寿司食用。

小肌

提到最正宗的江户前寿司技法当属小肌寿司。小肌长大一些后称为“鰶”，鰶天然为寿司而生，它与醋特别搭，而且外观与寿司饭相搭。用醋腌制的不同程度使小肌具有不同口感，多种多样的醋腌效果和各式切法反映出不同寿司店的特点。用醋腌制时要根据鱼的大小和脂含量灵活调整醋盐比例和腌制时间。腌过头的话肉质变干巴，腌制时间不够的话，醋和鱼不能融为一体。刚腌好的鱼是白色的，只有醋的味道，等脂肪满满扩散后颜色变得发黄，酸味变成鲜味。一般用醋腌 3 天，但也存在个体差异，最好每天都检查一遍。

小肌的不同切法

小肌经腌制处理后刀口处棱角分明，不同的切法表现出多样效果。
我们店的切法是在小肌上竖着划 3 刀。

鲭鱼

我们店里供应的鲭鱼寿司是腌制过的，因为只选用脂肪丰富的冬季鲭鱼，所以这是一款季节限定版商品，只有冬季能吃到。先用砂糖把处理后的鲭鱼腌 30 分钟，糖量以覆盖住鱼身为宜，之后换用盐腌制 2 小时，最后用醋腌过后备用。用醋腌时，讲究方法：先用水稀释醋，用稀释后的醋腌一下，再放入普通醋中。一般在稀释醋中腌 3 分钟，然后在普通醋中腌 30 分钟，当然也要根据鱼的大小灵活调整腌制时长。先用保鲜膜包一层再用铝箔纸包一层，然后进冰箱冷藏 3 天。结合腌制程度和脂肪含量，每天检查鱼的情况，但是要真正看清状态的好坏只能等到剔除腹骨时，因此这个熟成环节非常考验寿司职人的经验和感觉。

水针鱼

精致而美丽的透明肉身、清淡的味道、湿软的口感，以及入口时的鲜香都体现出水针鱼的良好品味。水针鱼的盛渔期在冬末春初，因此这也是一种有春天感的食材。水针鱼外观漂亮，适合精工细作，因此一直以来都是寿司职人偏爱的食材，人们在水针鱼上花尽了心思。水针鱼中大一些的称为“闩”，我们店只选用闩制作寿司。当水针鱼长到闩的大小后价格会贵很多，但是味道也会变得深邃。水针鱼寿司一般搭配红姜一起吃，有时也会搭配肉屑。

本海松贝

本海松贝又称为“大海的松茸”，这不仅因为它筋道的口感，还因为本海松贝的香气很棒。本海松贝是贝类中最具口感的，制作寿司时要把寿司饭好好攥紧，保持寿司种与寿司饭之间的平衡。一只大贝能做出两三人份的寿司。

赤贝

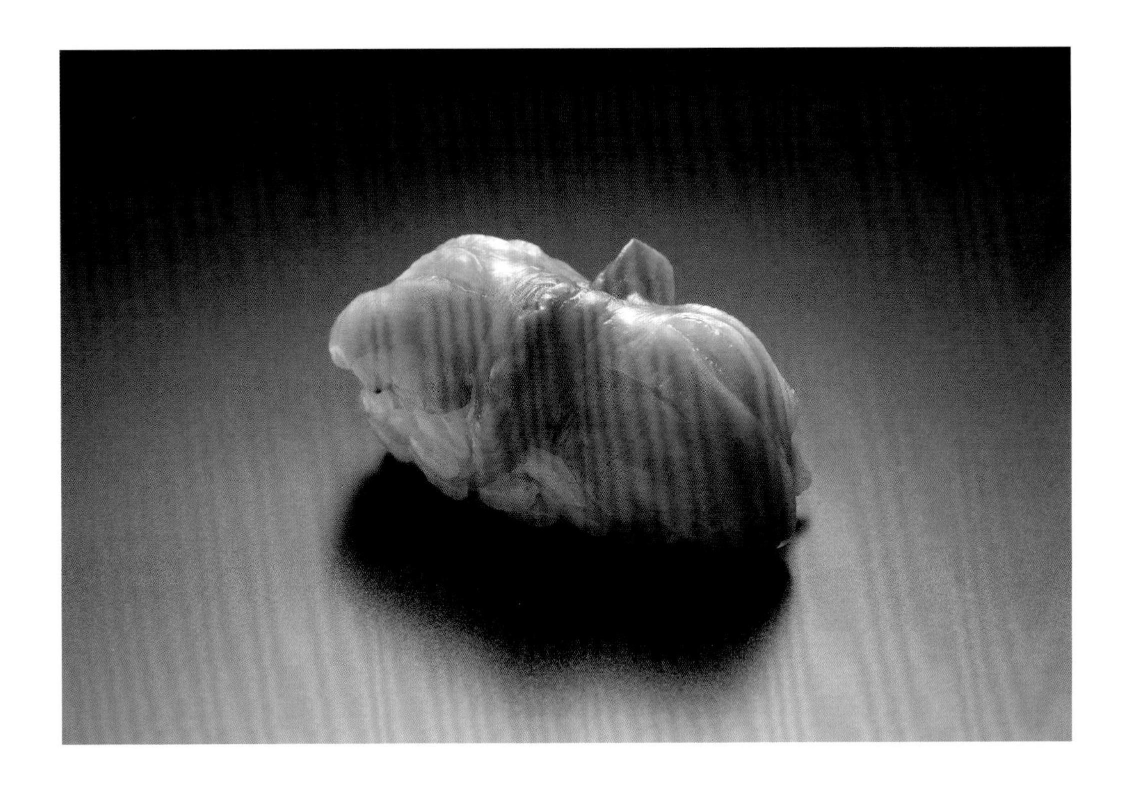

赤贝以其漂亮的外观和带有海洋气息的香味而深受大家喜爱，我们店选用赤贝的著名产地仙台等地出产的赤贝制作寿司。为了保证新鲜度，寿司店直接购买带壳的赤贝，而不是贝肉，买回后一个一个开壳处理。把菜刀伸进壳里，轻轻在案板上敲击，贝身分开画出优美的弧线。贝肉部分用于制作寿司，外套膜部分用于制作寿司卷。

鲍鱼

为了最大限度呈现鲍鱼的鲜美、香味、口感，先把鲍鱼煮后再做成寿司。鲍鱼的盛渔期是夏季，每年的 5 月末，房州鲍鱼一上市便开启了鲍鱼的季节。鲍鱼的腥臭味重，处理时先去壳，肉撒上盐，用水仔细清洗。在之前煮鲍鱼的煮汁中放水，小火炖煮 4 小时。鲍鱼具有胶质特性，煮汁冷却后会凝固。高品质的鲍鱼，煮时会散发出栗子一般的香味。握成寿司后在表面涂一层用鲍鱼肝和蛋黄制作的酱汁。

珧柱

珧柱的口感紧实筋道，一口咬下去甘甜四溢，具有大黄蚬独特的鲜香味道。大黄蚬急剧减少，珧柱相应地也很难买到，变成了一种昂贵的食材。尽管珧柱的价格上涨严重，我们店为了给客人带来好味道，还是尽量选择大个的。

紫鸟贝

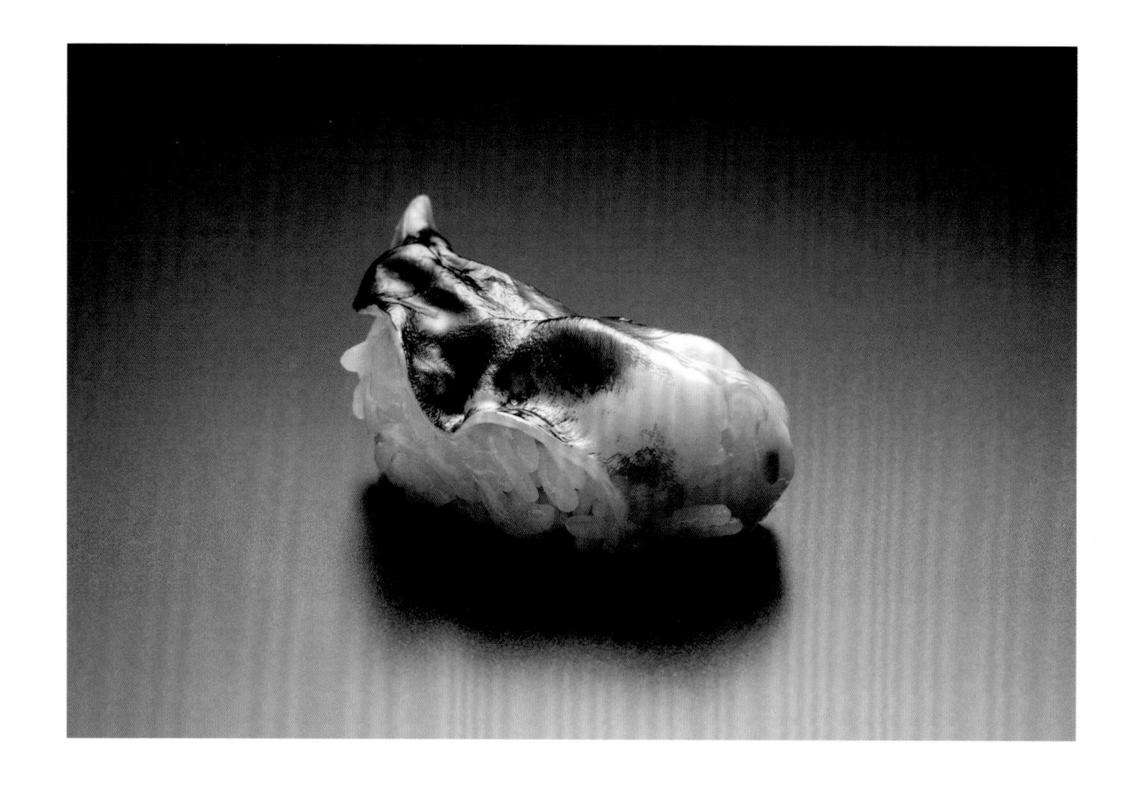

紫鸟贝每年 3 月上市，是一种具有春天感觉的食材，质地柔软肥糯，具有甜味，其盛渔期时间不长，只到 5 月份，但它黑亮舒展的外观独具美感，引得很多忠实粉丝期待它的上市，是一种很受欢迎的寿司种。寿司店直接在市场采购去壳后的贝肉。

蛤蜊

煮得膨胀饱满的蛤蜊历来是食客所喜爱的江户前寿司种之一。我们采购冬季至春季这段时间进入产卵期之前的蛤蜊，市场上出售不带壳的蛤蜊肉，进货时主要看大小，一般挑选产自茨城、鹿儿岛的。为了保留蛤蜊膨胀饱满的口感，我们用水、酱油、味淋调制成煮汁，蛤蜊放进煮汁中慢慢加热，温度保持在 50~60℃，煮 30 分钟左右。煮好后不捞出来，在煮汁中浸泡一天。在前期准备食材过程中，给蛤蜊涂上一层煮诘。

乌贼

乌贼在日语中称为墨乌贼、甲乌贼，具有白色透明质感的乌贼在冬季至春初这段时间迎来盛渔期，等到暮夏时节，名为“新乌贼”的幼年乌贼又上市了。

乌贼柔软的口感和富有质感的味道使人们每年都翘首期盼它的上市。我们店选用的主要是产自九州的乌贼，尽量挑选那些肉厚的。把加工处理后的乌贼放进冰箱冷藏1天。一般在乌贼寿司种上面划3道切口，如果肉厚或肉硬也可酌情多划几条。

莱氏拟乌贼

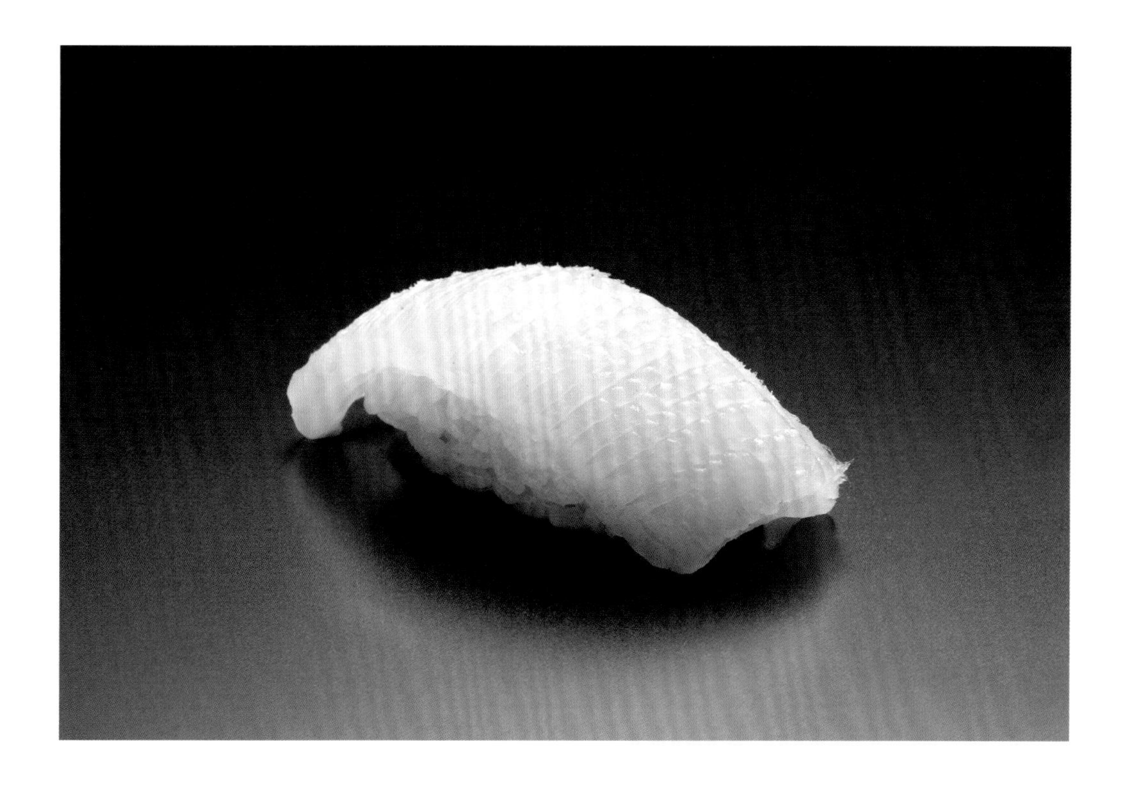

莱氏拟乌贼（我国俗称软丝）具有明显的黏性质感，肉质筋道，甜味和鲜味浓烈，被称为乌贼之王。日本的莱氏拟乌贼产量小，因此被列为高档食材。莱氏拟乌贼体型大，一般加工处理后在冰箱里放置 1 周左右待其熟成，慢慢地甜味出来，味道变得醇厚，肉质也更加柔软。等到肉质的软硬程度与寿司饭相宜时停止熟成。多切几刀，增加乌贼肉与舌头的接触面积，这样能让顾客更好地品尝到它特有的甘甜。

章鱼

优质章鱼有弹性，用手按下去反弹起来的感觉跟普通章鱼是不一样的。采购 2 千克左右的一整条章鱼，趁它活着时放进盆中用大量盐腌制三四十分钟。认真揉搓，直至章鱼的黏液呈液体状。然后连蒸带煮 1 小时。冬季章鱼的肉变厚，更好吃，特别是皮附近尤其美味。在皮与肉之间有一种胶质状物质，使章鱼肉味道更加深邃醇厚。

甜虾

甜虾具有黏糯柔滑的质感和浓郁的甜味，深受食客欢迎。处理甜虾时先用手去头，从腿部向背部方向整个剥去虾壳，留下虾尾。甜虾是一种容易变质的食材，但是为了让甜味变得更强，我们还是把它在冰箱里放一晚。

牡丹虾

牡丹虾的美丽外观让人联想到牡丹花，一整年都有出产。太新鲜的牡丹虾肉质过于筋道，所以使用前先在冰箱里放一晚，有时根据需要还会稍微冷冻一下再用。这样处理后，牡丹虾的肉质变得软糯，最后撒上盐和醋橘汁，让味道更加清爽。有时也对牡丹虾进行昆布缔处理。

日本对虾

在制作日本对虾寿司时，先在虾肉上涂一层重口味的虾酱。虾肉要煮得半熟，可以先把虾肉穿在扦子上，然后放进热水中煮约 1 分钟。我之前稍微加热一下，让虾肉保持在温热的程度。寿司饭的温度要比虾肉稍高一些，量要少。一般寿司饭 12 克，日本对虾 8 克。我们店从非常可靠的渠道进货，与鱼虾批发商建立了牢固的信赖关系，他们一整年都能为我们稳定供货。

皮皮虾

以前皮皮虾产自东京湾，是江户前寿司中的一个代表。先让皮皮虾在煮汁中浸泡入味，然后涂上煮诘。五六月份出产的体内有虾籽的皮皮虾品质最高。煮汁中浸泡过的皮皮虾水水的，而且皮皮虾天然呈圆形，这些都为制作寿司增添了难度，因此我在握之前先把皮皮虾拿在手中轻轻地按一按，让它与寿司饭更好搭。

鱼子

每年从盂兰盆节[一]到十一二月这段时间出产鱼子，因此我们店只在这几个月供应鱼子寿司。用手把鱼子拆开，用浓盐水浸泡，然后放在筛子上轻轻晃动。经过这样的处理，鱼子的皮完全脱落，鱼子变成一颗一颗的状态。然后再把鱼子放进煮切酱油里腌制 5 分钟，注意腌制时间不能太长，不然酱油的味道会渗入太多。还有就是现用现腌，当天腌制的鱼子当天要用完。

[一] 日本传统的盂兰盆节是农历七月十五日，日本从 1873 年 1 月 1 日起采用公历，盂兰盆节改为公历的 7 月 15 日。也有地方坚持过农历的七月十五日，或者过公历的 8 月 15 日。——译者注

海胆

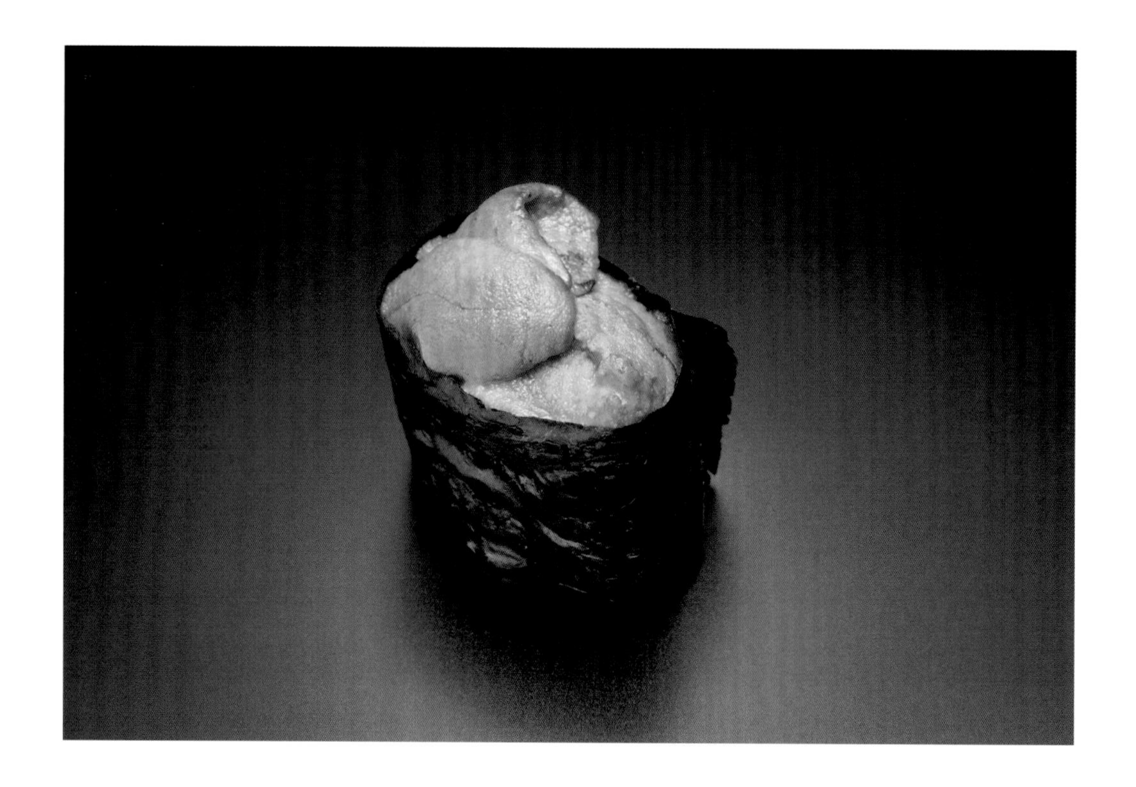

进货的质量决定了海胆的一切。卖海胆的商人使用多少明矾、怎样处理海胆，这些技艺和用量的把握直接影响着海胆的味道。因此，与值得信赖的海胆商保持长期合作关系非常重要。制作军舰寿司卷时使用的海苔的香味与口感浓郁的海胆非常搭。遇到比较大的海胆时，为了尽可能突显它的口感，我们也会不用海苔，直接拿它做寿司。

海鳗

海鳗的盛渔期是初夏到秋天这段时间，其中梅雨时节出产的梅雨海鳗被认为是最好吃的。挑选海鳗时，选那些颜色发黄、头部小的，这种更好吃。仔细处理好海鳗后把它放进煮汁里浸泡 25~30 分钟。握之前稍微烤一下，把海鳗的香味激发出来，然后涂上煮诘。在海鳗好吃的时节，我们也会不刷煮诘，只用盐做海鳗寿司。

玉子烧

玉子烧一般是收尾项目，为了给客人留下深刻印象，我们多次实验，最终总结出具有自身特色的玉子烧做法。蛋液中加入虾糜，倒入玉子烧器中，同时用燃气和炭火两个热源加热。这样做出来的玉子烧可以兼具卡斯特拉和布丁两种质感，拥有独特的口感和风味。

小知识

各种玉子烧器

玉子烧器种类繁多，按导热率从大到小的顺序排列分别是铜玉子烧器、铝玉子烧器、铁玉子烧器、铸铁玉子烧器、不锈钢玉子烧器和陶瓷玉子烧器。

铜玉子烧器

大多数寿司店选用的都是铜玉子烧器，因为在 5 种金属材质中铜的导热率最高。玉子烧器的底部，直接接触火焰处和不接触火焰处的温度差很多。直接接触火焰的地方温度相当高，挨着这部分的蛋液容易煳。玉子烧器底部温度的不均匀能直接体现在制作出的玉子烧上。导热率高的话，热传导快，玉子烧器底部的温度能快速达到比较均匀的状态，这样做出的玉子烧受热均匀，不容易局部煳掉。但是铜玉子烧器存在耐酸性差、易生锈的问题，需要仔细养护。

铝玉子烧器

铝玉子烧器具有轻便、易操作、导热率高、不易煳锅等特点，不好的方面是，铝玉子烧器在耐酸、耐碱、耐盐性方面不理想，表面需要镀一侧涂层。

铁玉子烧器

铁玉子烧器结实、有分量，能储存热量，因此锅的温度比较均匀。提前给玉子烧器充分加热，然后倒入蛋液。铁制玉子烧器的导热率低，这反而让倒入蛋液后的玉子烧器的温度不至于急剧降低，热量得以迅速传递到蛋液上。也因为铁的导热率低，等到蛋液内部充分加热时，表面已经加热过度，做出的玉子烧表面是硬的。铁玉子烧器容易粘锅，可以适当多放点油。此外，铁容易生锈，需要细心养护。

铸铁玉子烧器

在与热相关的性质方面，铸铁玉子烧器与铁玉子烧器非常接近，但是它比铁玉子烧器更厚，这导致它的储热能力更强，倒入凉蛋液后，铸铁玉子烧器完全不会降温。因此，比起铁玉子烧器，用铸铁玉子烧器做玉子烧时，表面过度加热的程度会更高，做出的玉子烧表面更硬。铸铁玉子烧器的表面不光滑，蛋液与它之间接触面积小，不易煳锅，然而重是它的一大缺点。

不锈钢玉子烧器

不锈钢玉子烧器不会像铁玉子烧器那样生锈，但是它的导热率比较低，底部受热不匀，做出来的玉子烧容易煳掉，因此使用不锈钢玉子烧器时需要格外小心。此外，受热部分和边缘部分的温度不匀，想让蛋液受热均匀，需要多花些心思。为了避免把食物烧焦，人们多给不锈钢玉子烧器内侧做氟涂层，这样食物不会粘锅，是一大优点。

陶瓷玉子烧器

陶瓷玉子烧器结实，能用很长时间，但是导热率不太好，跟不锈钢材质一样，想用陶瓷玉子烧器做出受热均匀的玉子烧需要多花些心思。

细卷（干瓢卷）

**与玉子烧一样，海苔卷也是人们收尾时爱点的寿司品种，
它是有别于握寿司的另一种味道，别有一种魅力。
河童卷（里面卷黄瓜的卷）、铁火卷（里面卷金枪鱼的卷）、
干瓢卷、海鳗卷、新香卷（里面卷腌渍白萝卜的卷）、
小肠黄瓜卷……寿司店内的卷寿司种类丰富，多种多样。**

同一种食物，日本关东地区叫海苔卷，关西地区却叫卷寿司。话虽如此，关西地区的卷寿司一般特指粗卷（参照224页），而关东地区虽统称为海苔卷，其实会按照粗细程度进一步细分为粗卷和细卷。两个地区的不同之处不仅是于名字，海苔的处理方法也不相同。关东地区把海苔先烤一下再用，关西地区则不烤。

寿司卷的做法非常简单，只需把寿司饭放在帘上，上面放配料，卷起来即可。实际操作时难度不小。或是把寿司饭粘到手上，或是往海苔上摊米饭时位置不正或弄破海苔，或是下刀切时配料从中间漏出还可能把寿司卷弄歪。摊米饭时如果推得力气过大，做出来的寿司卷还会发硬。想要做出切口漂亮、像握寿司那样入口即散的高品质寿司卷，寿司职人们需要经过反复磨炼。

一张海苔做一根寿司卷，用来做寿司卷的海苔有明确的规格，制作粗卷的海苔约为19厘米×21厘米，用来做细卷的海苔约为9.5厘米×21厘米，宽度大概是粗卷的一半。

细卷的切法早有规矩，除干瓢卷以外的铁火卷、新香卷等都是切成六份。干瓢卷一般切四份。

寿司帘分正反面，做寿司卷时让竹片平滑的一面朝上，锁绳的一侧朝前，把海苔（约 9 厘米 ×18 厘米）放在自己的正前方，上面放米饭，轻轻推开。不要把寿司饭推到海苔的边缘，留出一条空白，方便卷成卷后两边能叠在一起，中间放干瓢。

1 卷起寿司帘，注意不要让海苔与寿司帘分离。

2 卷到预留出的海苔边线位置，一下子把寿司帘拉近自己的同时把寿司帘卷成卷。

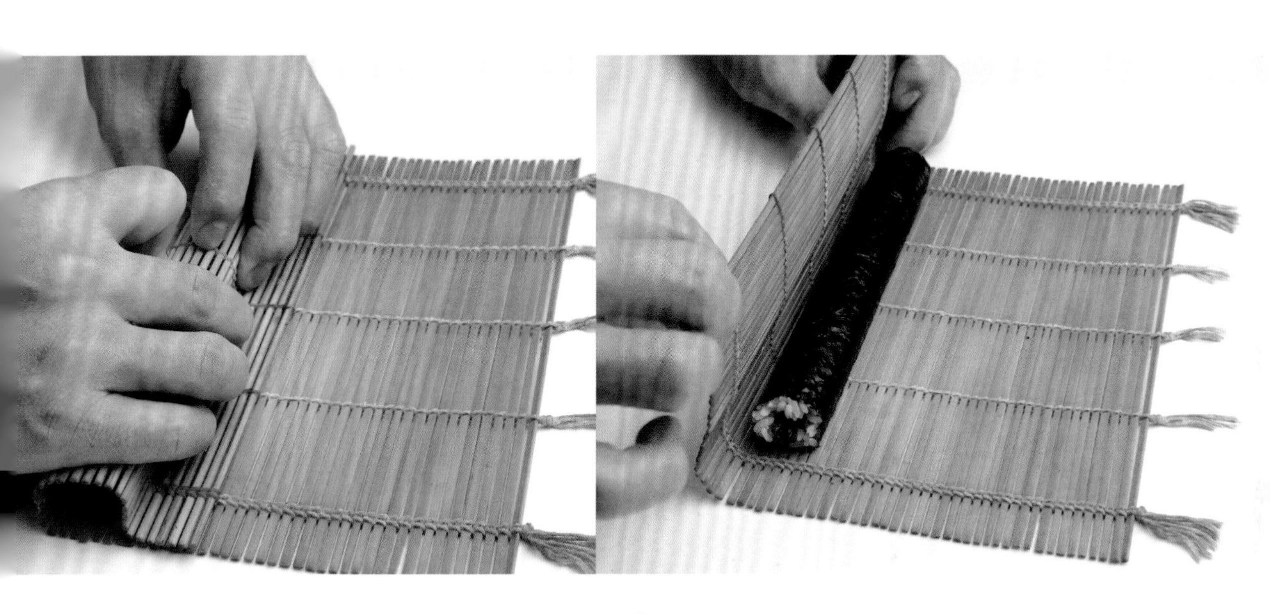

3 按压成型。

4 去掉寿司帘，修整两边的形，可切成 3 份或 4 份。

粗卷

粗卷是关西寿司的代表。
比起提供堂食，出售寿司外卖的店更多。
以前寿司卷中放的一般是高野豆腐（冻豆腐）、香菇、干瓢、鸭儿芹，如今也往里面放鸡蛋、鱼贝等食材。

若说握寿司是关东寿司主流的话，关西寿司更多的则是箱寿司、押寿司，以及卷寿司，即粗卷，最初粗卷里的配料基本是高野豆腐、干瓢、鸭儿芹、香菇等素食材。

后来玉子烧逐渐取代高野豆腐，如今粗卷里放玉子烧的反而更普遍，更奢侈一点的往里放虾、鱼松、海鳗。虽然都叫粗卷，但是盛寿司卷的器具不同，卷的形状不同（有卷成“の”形的，有卷成圆形的，也有卷成四角形的）等，每家店做得都有些差异。

寿司帘分正反面，做寿司卷时让竹片平滑的一面朝上，锁绳的一侧朝前，把海苔（约 19 厘米 ×21 厘米）放好，让长的一边对着左右，短的一边对着前后。上面放米饭，轻轻推开。不要把寿司饭推到海苔的边缘，留出一条空白，方便卷成卷后两边能叠在一起。如上图所示，在海苔的中间位置，从下往上依次放入煮海鳗、日本对虾、香菇、黄瓜、鸡蛋、干瓢。

1 一边用手指按着寿司中心部位的食材一边抬起寿司帘，粗卷里放的食材多，卷的时候要留意，把全部的食材都卷进去。

2 一次性卷到寿司饭的对面那侧，改变握住寿司帘的位置，一边把它一下子拉到自己跟前一边卷。

3 调转寿司帘的方向，一直卷到头。左手塑型，让寿司卷更圆，再调转方向。

4 去掉寿司帘，修整两端。切成九份，切时注意别破坏掉形状。

“寿司高桥”的寿司卷

“寿司高桥”的做法基本是准备好各种配料食材，然后根据每位顾客的喜欢和要求制作寿司卷。“寿司高桥”的高桥润先生现身说法，为大家介绍他是如何制作寿司卷的。

干瓢卷

干瓢卷看起来不起眼，在江户前寿司卷中却是有代表性的，前期处理工作决定了干瓢的一切。用糖、酱油赋予干瓢鲜明的味道，与稍微有点甜味的寿司饭刚好搭配。以前干瓢卷不搭配山葵吃，如今在里面放山葵已成为主流做法。制作寿司时，我们会询问顾客是否喜欢在里面放山葵。

河童卷

简单清爽的河童卷非常适合在一顿饭吃到尾声时拿来收尾，黄瓜切丝，口感清爽，卷成卷后里面留有一定的空气，营造出一种松软的口感。我们为了让顾客品尝到寿司卷入口后满口留香的美妙感觉，会加上现炒香的芝麻。

外套膜黄瓜卷

黄瓜的清新味道充分激发出赤贝外套膜的微苦与清新感。人们在吃外套膜黄瓜卷时能鲜明地感受到外套膜和黄瓜两种不同脆爽感觉的对比。

铁火卷

根据当天进货的金枪鱼的部位，灵活调整切片的薄厚程度。脂肪多的切薄点，脂肪少的切厚点。把金枪鱼切成条状后做寿司卷。

葱肥卷

把当天进货的金枪鱼（肥）与切碎的葱一起剁。奢侈的时候，还会使用大肥部位制作。我们为了让顾客更好地品尝金枪鱼的味道，特意把颗粒剁得粗一些。寿司卷里用的葱也有讲究，选用香味浓郁的千寿葱。著名的江户蔬菜千寿葱具有强烈的香味和甜味，与味道浓郁的金枪鱼非常搭。

新香卷

新香卷中会用到腌萝卜，它是寿司套餐中的一种下酒菜。腌萝卜特色鲜明，先用水把它短暂地泡一会儿，让它原本的味道变淡，然后用酱油和味淋拌，重新赋予它新的味道。这样处理过的腌萝卜味道适中，与寿司饭的酸味达到一种理想的平衡状态。

海鳗黄瓜卷

选用口感上佳的“姬黄瓜”，切条备用。姬黄瓜不论在爽脆的口感还是清新的香味方面都非常棒，与重口味的海鳗非常搭，也常用于制作其他寿司卷。

梅干紫苏卷

在寿司饭上放入紫苏叶，将味道温和的和歌山梅干剁成泥状涂在上面，卷成卷。梅干的酸味和柔软的紫苏叶一起营造出一种清新的味道。

粗卷

按照先后顺序分别放入煮海鳗、日本对虾、甜煮香菇、黄瓜、鸡蛋、干瓢，卷起来后的寿司芯上面松软，下面清脆。顾客从上往下吃，能感受到这种口感与味道的层次感。

细卷的切法

从习惯上来讲，人们把细卷切成四等份或六等份。干瓢卷切成四等份，其他的切成六等份。

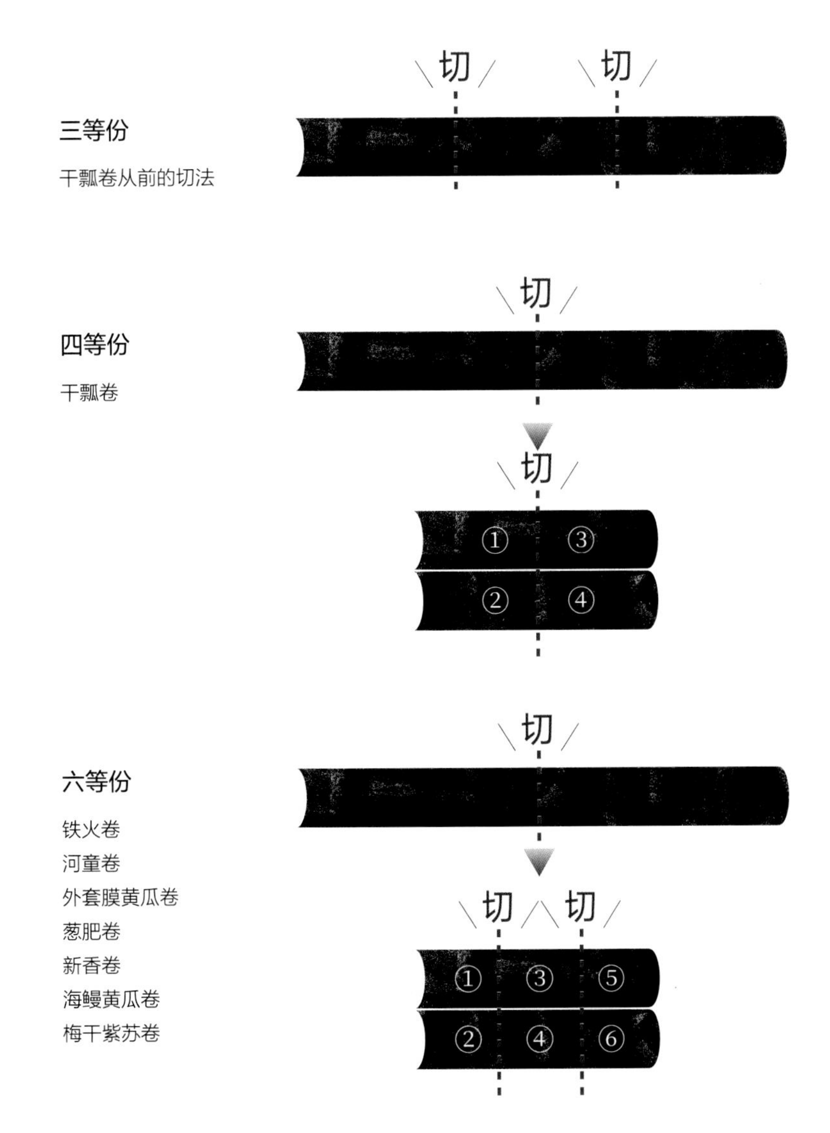

海苔

用优质海苔做成的卷寿司和军舰寿司，
海苔浓郁的海洋气息和甜味，与寿司种的鲜味及
寿司饭的酸味绝妙融合。以前东京湾大量出产海苔，
因此从很早以前海苔就是江户前寿司中不可或缺的食材。

海苔的原材料是海藻，基本海藻都是人工养殖的，不同产地、不同养殖方法的海藻，无论是外观还是味道都有差异。海苔产自 11 月至次年 2 月，这段时间中出产的海苔称为“第一摘”或“初摘”，具有更丰富的香味和更明显的甜味。把海藻切成纸一般的薄片，进行干燥处理，海藻就变成了海苔。

海苔的著名产地包括有明海、濑户内海、伊势湾、东京湾，其中产自有明海的海苔占日本海苔总产量的一半以上，质地柔软、甜味明显是其显著特点。

【海苔的尺寸】

整张
（约 21 厘米× 19 厘米）

半张
（约 10 厘米× 19 厘米）

1/3 张
（约 6.6 厘米× 19 厘米）

海苔一面光滑一面粗糙，做寿司卷时一般是把米饭放在光滑的一面，不然不容易摊开。

参考文献

『さしみの科学－おいしさのひみつ－』(社) 日本水産学会監修，畑江敬子著，成山堂書店，2005.
『すし技術教科書　江戸前ずし編』全国すし商環境衛生同業組合連合会監修，旭屋出版，1990.
『包丁と砥石 (柴田ブックス)』(柴田書店) 1999.
『築地魚河岸　寿司ダネ手帖』福地享子著，世界文化社，2014.
『魚の科学』鴻巣章二監修，阿部宏喜，福家眞也編，朝倉書店，1994.
『伝統食品の知恵』藤井建夫監修，柴田書店，1993.
『すしの本』篠田統著，岩波現代文庫，2002.
『調理学』島田淳子，畑江敬子編，朝倉書店，1995.
『調理学』畑江敬子，香西みどり編，東京化学同人，2015.
『おいしさをつくる「熱」の科学』佐藤秀美著，柴田書店，2007.
『栄養「こつ」の科学』佐藤秀美著，柴田書店，2010.

岡村多か子，竹中はる子，寺島久美子，家政学雑誌，刃渡りの長い包丁による切削について，34，398-404 (1983).
鈴木たね子，赤身の魚と白身の魚，調理科学，9，182-187 (1976).
土屋隆英，無脊椎動物の筋肉構造と構成タンパク質，調理科学，21，159-166 (1988).
山中英明，魚介類の死後変化と品質，日本水産学会誌，68，5-14 (2002).
木村茂，久保田穣，アワビコラーゲンの二,三の性質について，日本水産学会誌，34，925-929 (1968).
Hatae K., Nakai H., Tanaka C., Shimada A., & Watabe S.,
Taste and texture of abalone meat after extended cooking，Fisheries science，62，643-647 (1996).

日本语版制作 STAFF
Editor: Tsuchida Mitose
Designer: Takahashi Miho
Photographer: Yamashita Ryoichi
Cooperator of Edit: Iijima Chiyoko, Shinbori Hiroko
Special thanks to Zenimoto Kei, Okada Miyuki, Maeshige Noi

北京市版权局著作权合同登记　图字：01-2021-1667 号。

图书在版编目（CIP）数据

寿司中的科学：揭开寿司美味的秘密 /（日）高桥润，（日）土田美登世，（日）佐藤秀美著；刘峥译. —北京：机械工业出版社，2023.12
ISBN 978-7-111-74300-2

Ⅰ. ①寿…　Ⅱ. ①高…　②土…　③佐…　④刘…　Ⅲ. ①风味食品－食谱－日本　Ⅳ. ①TS972.183.13

中国国家版本馆CIP数据核字（2023）第225174号

机械工业出版社（北京市百万庄大街22号　邮政编码100037）
策划编辑：卢志林　范琳娜　　责任编辑：卢志林　范琳娜
责任校对：龚思文　王　延　　责任印制：张　博
北京华联印刷有限公司印刷
2024年3月第1版第1次印刷
184mm×260mm·14.75印张·2插页·177千字
标准书号：ISBN 978-7-111-74300-2
定价：98.00元

电话服务
客服电话：010-88361066
010-88379833
010-68326294

网络服务
机　工　官　网：www. cmpbook. com
机　工　官　博：weibo. com/cmp1952
金　　书　　网：www. golden-book. com
机工教育服务网：www. cmpedu. com